Metadesign

Blucher

Coleção Pensando o Design

Coordenação
Carlos Zibel Costa

Metadesign

Ferramentas, estratégias e ética para a complexidade

Caio Adorno Vassão

Metadesign: ferramentas, estratégias e ética para a complexidade
2010 © Caio Adorno Vassão
3ª reimpressão – 2020
Editora Edgard Blücher Ltda.

Blucher

Publisher Edgard Blücher

Editor Eduardo Blücher

Editora de desenvolvimento Rosemeire Carlos Pinto

Diagramação Know-How Editorial

Preparação de originais Eugênia Pessotti

Revisão de provas Thiago Carlos dos Santos

Capa Lara Vollmer

Projeto gráfico Priscila Lena Farias

Rua Pedroso Alvarenga, 1245, 4º andar
04531-934 – São Paulo – SP – Brasil
Tel.: 55 11 3078-5366
contato@blucher.com.br
www.blucher.com.br

Segundo o Novo Acordo Ortográfico, conforme 5. ed.
do *Vocabulário Ortográfico da Língua Portuguesa*,
Academia Brasileira de Letras, março de 2009.

As ilustrações foram desenvolvidas pelo autor Caio
Adorno Vassão, com exceção da Figura 7.1, propriedade
de Teenage Engineering.

FICHA CATALOGRÁFICA

Vassão, Caio Adorno
  Metadesign: ferramentas, estratégias e ética para
a complexidade / Caio Adorno Vassão (Coleção pensando
o design, Carlos Zibel Costa, coordenador) – São Paulo:
Blucher, 2010.

  Bibliografia
  ISBN 978-85-212-0557-9

  1. Arquitetura de informação 2. Arquitetura móvel
3. Ciência da computação 4. Design (Teoria) 5. Eletrônica
digital I. Título.

10-10441   CDD-741

Índices para catálogo sistemático:
1. Metadesign: Design e arquitetura   741

A simplicidade a partir da complexidade

O arquiteto e designer Caio Adorno Vassão é dessas pessoas cujo pensamento se conhece, mas, de tempo em tempos, tem-se de rever.

Sua capacidade de propor e instigar novos pensamentos sobre projetos em geral, significados e conexões internos às nossas mais comezinhas ações e reflexões no campo profissional do design e da arquitetura, é mesmo surpreendente.

Se fosse por uma vez, no meio acadêmico de onde ele vem, a surpresa seria normal. Porém, como seu professor na FAU-USP desde a graduação até o doutorado que agora se edita, eu sinto que Vassão, a cada novo passo, surpreende com a apresentação de mais layers de contemplação e também com melhores ferramentas de construção semântica.

Felizmente para nós, leitores fiéis, seu percurso nos brinda com sistemas e estratégias metodológicas mais eficientes para a implementação das antigas proposições. É o caso deste excelente volume Metadesign: ferramentas, estratégias e ética para a domplexidade.

No livro, expõe-se com clareza uma nova estratégia de projeto, que dialoga e complementa a consideração de Jaques Derrida, de que a desconstrução trata mais de uma estratégia de afirmação da diferença do que da criação e desenvolvimento de um novo conceito.

Nesse diálogo, Vassão propõe o conceito e traça a estratégia projetual do Metadesign enquanto arquitetura livre, ou seja, aberto, acessível e interativo para todos, como se fora um software livre ou a emulação de uma criação participativa. Daí resulta que tal design/projeto será, por definição, aberto e infindável, aceitando "a impossibilidade de uma realização última".

Se um projeto é visto enquanto processo, e aberto, como coloca o autor, então, ele não se limita, não se encerra e jamais se formaliza, garantindo, assim, uma postura ética livre e democrática. Dessa forma, o Metadesign pode configurar o ser rizomático emergente do pensamento nômade deleuzi-guattariano.

Pela leitura, o autor nos convida compartilhar a aventura da construção de uma alteridade ao pensamento sedentário no campo do projeto–design – logocêntrico e simplificador – elaborado socialmente nos últimos séculos, que me parece, em síntese, a essência e a instigação maior proposta neste livro.

Minha convicção final é que essa obra, editada em formato que a torna acessível à compreensão de alunos de graduação e de pós-graduação, serve, ainda, como excelente ferramenta metodológica para a prática profissional de projeto em geral, seja em design, em arquitetura e urbanismo, em engenharia ou em artes.

Carlos Zibel Costa
São Paulo, 2010

Agradeço àquelas pessoas que sempre estiveram por perto, criticando, propondo e incentivando: Anna Maria Quirino, Tiago e Felipe Vassão e, em especial, a Karin Wuestefeld (sem você, eu teria seguido outro rumo muito menos interessante...).

Agradecimentos

Agradeço a todos aqueles que, de algum modo, contribuíram para o desenvolvimento dos conceitos apresentados aqui, e não foram poucos...

Meus especiais agradecimentos para Richard e Klaus Wuestefeld – pelos conceitos e comentários da "cultura informacional"; Eduardo Braga – pelo companheirismo filosófico; Paulo Alves de Lima– pela referência crucial em um momento propício; Daniela Kutschat – pela confiança e apoio, Túlio Marin – pelo ponto de vista pés no chão; José Francisco Quirino – pelas referências ontológicas; Andries Van Onck – pela generosidade e disponibilidade fundamentais; Haroldo Gallo – pela constância crítica e balizada; Khaled Ghoubar – pelo cuidado e atenção e Carlos Zibel Costa – pela fundamentação, incentivo e apoio irrestritos.

Faz-se necessário observar a importância que o programa de pesquisa e pós-graduação do Centro Universitário Senac desempenhou em um determinado momento da pesquisa que se transformou neste livro.

Existem, ainda, os autores que instigaram, à distância, um pensamento tão crítico quanto criativo: Karl Schroeder, Vernor Vinge, Bruce Stirling e a Media Ecology Association.

Conteúdo

7 Comunidades *108*

7.1   *Patterns* e Software Livre 108

7.2   Objeto complexo e objeto pós-complexo 112

8 Projeto como pergunta *119*

8.1   Problema e teorema 119

8.2   Projeto como pergunta 121

Referências bibliográficas *124*

Introdução

O que é complexidade?

Uma possível resposta é que o "complexo" é aquilo que está além de nossa compreensão.

Outra possível resposta é que o "complexo" é uma conjunto de coisas "simples", percebidas como algo complexo apenas pela acumulação de simplicidades muito numerosas.

Ainda outra compreensão da palavra "complexo" é aquilo que não pode ser disposto, apresentado, compreendido como algo simples, que não pode ser decomposto em pedaços menores e, portanto, mais simples, que não pode ser "reduzido". Ou seja, algo que é, por natureza, pelas suas próprias características, "irredutível".

Alguns creem que todas as coisas são assim: irredutíveis, complexas por si só. Reduzi-las ou simplificá-las seria mutilá-las, matá-las, privá-las de sua existência.

Outros creem que elas podem ser reduzidas. No entanto, as conclusões a que se chega, e que se pode utilizar (modelos, descrições, usos e práticas), variam muito, dependendo de quem faz essa redução, ou do motivo pelo qual ela é feita. Ou seja, não há "explicação definitiva" de nada, apenas modelos e práticas de aplicação temporária e limitada. Além do que, esses modelos surgem de um ato criativo, e não podem ser entendidos apenas como fruto do pensamento racional. Não é possível a objetividade completa: em qualquer tentativa de compreensão da realidade, e de ação sobre ela, sempre há subjetividade.

É possível fazer-se o *Design* do "complexo"?

Em outras palavras, se o complexo é de "difícil compreensão", e não pode ser reduzido facilmente, como é possível "propô-lo", "projetá-lo", "criá-lo"?

Outra maneira de entender essa questão é que toda e qualquer "resposta" é antes de tudo uma "pergunta disfarçada". Muitos entendem a atividade de Design (projeto) como uma solução (resposta) para um problema (pergunta). À medida que se aceita a complexidade em sua inteireza, percebe-se como é frágil a certeza de uma resposta assertiva.

Não seria melhor assumidamente "projetar perguntas" do que "projetar respostas" que, concretamente, pouco têm de "definitivas"?

Qual é a importância da complexidade para um designer, um arquiteto, ou um urbanista?

Em boa medida, esta obra é um convite aos designers para que adentrem o universo da computação, da tecnologia digital e do projeto de sistemas complexos. Esse convite não é por acaso. Na verdade, é possível que a entrada dos profissionais oriundos da Cultura de Projeto (designers, arquitetos, urbanistas, artistas) na atuação projetual em computação seja involuntária, ou mesmo compulsória: a chamada "**Computação Ubíqua**", que se alastra pelo ambiente urbano, se converte em item de consumo de massa e faz parte inseparável de nosso diaadia, é um fato contemporâneo – e o "modo de pensar" do designer, e do arquiteto e urbanista, tem muitíssimo a contribuir para a criação dessa cidade provida de eletrônica digital em cada poro de sua constituição.

Essa cidade é o espaço da interação não local, das comunidades online, da telefonia celular como fato banalizado, da automação do ambiente cada vez mais disponível e, até mesmo, despercebida, dado seu barateamento galopante.

É uma cidade da **Complexidade**, que ameaça tornar-se definitivamente inacessível à nossa compreensão. Mas, na verdade, essa complexidade da cidade de hoje e do amanhã apenas nos força a admitir que projetar o mundo em que vivemos é projetar "entidades complexas", e que esse mundo sempre foi complexo, apenas tínhamos mais tempo para digeri-lo.

Para "abrir" a complexidade do mundo contemporâneo e futuro, essa obra apresenta um modo alternativo de se compreender os conhecimentos que fazem parte da tecnologia digital e da teoria dos sistemas. Para ser mais acessível, essa alternativa incorre em apropriar-se de alguns dos fundamentos filosóficos das ciências exatas, da computação, da Matemática e da Cibernética.

Muitos desses fundamentos são tidos como imutáveis – em especial por aqueles que creem neles como fatos cotidianos: engenheiros, matemáticos, programadores, gestores de sistemas, indústrias, empresas e finanças, e certamente os cientistas das ciências exatas.

Por outro lado, a filosofia contemporânea transforma esses fundamentos em coisas móveis, produzidas pela subjetividade e abertas à polêmica: a oposição epistemológica que, em geral, se faz entre **Ciência** e **Arte** é profundamente questionada por filósofos como Deleuze, Guattari e Merleau-Ponty, dentre outros.

E propõe-se que a "produção do cotidiano" se dá tanto como fato tecnológico, como artístico. A objetividade seria uma das modalidades da subjetividade.

Boa parte desta obra compreende propostas de "ferramentas" e "técnicas operacionais" para o Design – tais como: **Abstração**, **Diagramas**, **Procedimentos** e **Emergência**.

Por fim, esta obra é um esforço de compreender a atividade do **design** como uma força na cultura e sociedade, com potência política e de engajamento, envolvendo ética de colaboração e produção distribuída pelo tecido da sociedade.

Esta obra é uma versão revista de minha tese de doutorado defendida em 2008 para a Faculdade de Arquitetura e Urbanismo da Universidade de São Paulo, sob orientação de Carlos Zibel Costa, na linha de pesquisa Design e Arquitetura.

Muito do que trabalhei nesta pesquisa ainda encontra-se em um "estado bruto", e envolve conhecimento multidisciplinar (contatos, contaminações e interpenetrações) e transdisciplinar (perambulações, transposições e nomadismos).

Corremos muitos riscos com essa pesquisa. E, certamente, o menor não foi o de criar uma obra hermética, de difícil acesso.

No entanto, acredito que alguns dos conceitos aqui trabalhados são efetivamente aquilo que Deleuze e Guattari chamaram de "ferramentas": ideias que são máquinas, que podem ser diretamente operacionalizadas no cotidiano e dotadas de potência criativa.

Este livro trata de como lidar – compreender, analisar, propor, manipular e projetar – com a Complexidade.

Por um lado, este livro é uma denúncia. Uma tentativa de demonstrar como a formalização tão característica da complexidade do mundo industrial e pós-industrial é, na verdade, a aplicação de um processo arraigado na mente humana e, principalmente, na cultura ocidental – uma característica que se expressou com muitíssimo vigor a partir da Revolução Industrial.

Compreender o **Metadesign** é compreender essa lógica, chamada por alguns de **instrumental,** que procura controlar a Complexidade tornando-a um conjunto de objetos simples, de fácil compreensão. Por um lado, esse processo de simplificação da realidade é inevitável – nós fazemos uso dele diariamente, ao nos comunicarmos, ao crer que a ciência explica o mundo sem dúvidas. Por outro lado, essa simplicidade está, ela mesma, cheia de complexidades. E parte da tarefa de compreender o **Metadesign** está em perceber como essa simplicidade é subjetiva, e como ela conforma uma **realidade** – a "realidade compartilhada" entre os membros de uma equipe de trabalho, por uma comunidade que convive em um bairro ou online, por um povo e sua cultura. Ou seja, parte do **Metadesign** é reconhecer como a **realidade**, enquanto representação de um mundo que provavelmente estará sempre além de nossa compreensão absoluta, é um objeto de trabalho, uma obra individual e/ou coletiva, e que, quando ela torna-se coletiva, é ainda outro processo de construção de uma **realidade comungada**.

Essa percepção da subjetividade da produção dos objetos e entidades que compõem nosso mundo cotidiano tem, na **Arquitetura Livre**, um apoio ético que consiste em uma abordagem específica de aplicação do **Metadesign**. Essa abordagem procura compreender o processo criativo como fluxo cultural, como a contínua e constante fricção de pessoas, ideias, imagens, tecnologias e comunidades na conformação dos objetos e processos característicos de nosso cotidiano.

Conhecer o **Metadesign** é, ao mesmo tempo, desconfiar dele: ele é uma ferramenta bastante poderosa – e seu poder advém, concretamente, de ser derivado das ferramentas que foram constantemente aplicadas pela própria cultura industrial. Minha proposta foi reconhecer e reorganizar os elementos que, verdadeiramente, são fundamentais para a sociedade industrial e seu desdobramento informacional, a sociedade da informação. Essa empreitada tem a pretensão de banalizar esse processo tão fundamental, que pode ser resumido em: Formalização. Os profissionais que têm origem na engenharia, computação, análise de sistemas, ou mesmo administração de empresas, dominam muitos dos aspectos que organizei sob a denominação **Metadesign**. Mas, por outro lado, sua compreensão é, em geral, banal no sentido de acrítica – não questionam sua validade e suas operações. O interessante será a apropriação que arquitetos, designers de produto, designers gráficos, designers de interação, urbanistas e artistas plásticos farão desse repertório.

Acredito que, se a formalização for concretamente banalizada – tornada ferramenta de uso coletivo e colaborativo –, ela poderá ser mais facilmente superada. Sua superação é importante para dar autonomia a processos conflitantes entre si, para que as subjetividades possam expressar-se com mais liberdade – para que outras **realidades** possam emergir, sem que fiquem enredadas em um emaranhado de complexidades aparentemente impenetráveis. Essa empreitada envolve tornar a complexidade do mundo tecnológico contemporâneo mais acessível centrando na concretude da vida cotidiana os processos criativos, e da construção de complexidades alternativas.

Se não existe explicação definitiva para nada, se todas as invenções estão abertas à reinterpretação, isso torna-se mais palpável pelo uso de um ferramental adequado e rigoroso. Esse ferramental é abstrato: ferramentas da percepção e da cognição. São ferramentas surpreendentemente simples e acessíveis, que fazem parte do cotidiano – mas pensamos pouquíssimo sobre elas com atenção e cuidado. Elas são tomadas como preexistentes, como um *a priori*, e não uma construção colaborativa de longa duração.

Creio que, falar da **Cultura de Projeto**, sem falar de **Metadesign**, hoje em dia, é muito difícil. Os objetos do cotidiano estão, cada vez mais, enredados em processos que, em muito, superam a percepção e a cognição despreparadas. E, muitos desses processos, quando analisados sob a ótica do **Metadesign**, tornam-se de simplicidade banal. Por outro lado, o mundo contemporâneo está também, cada vez mais, cravejado pela subjetividade, pela construção plural de um mundo múltiplo, variável, em constante mutação. O **Metadesign**, assistido pela **Arquitetura Livre**, também procura compreender essa construção dos objetos de nosso mundo em regime de multiplicidade, e não de unidade, não pela repetição, mas pela diferença, pela alteridade.

Relação com os estudos em semiótica, teoria da informação, cibercultura e pós-humanismo

Um aspecto importante dos conceitos apresentados neste livro é sua atitude implicitamente crítica à Semiótica Peirceana, à Teoria da Informação, à Cibercultura e ao Pós-humanismo, que têm relação direta com o ao "reinado" da **Informação** considerada como categoria única e absoluta em alguns círculos acadêmicos e tecnológicos.

Esse contexto sociocultural é dominado pelo que chamo de "Ideologia da Informação", que é um conjunto de práticas intelectuais que acabam, sempre, em denominar os objetos e entidades do mundo, quer sejam tecnológicas, industriais, naturais ou humanas, como definidas como um **campo ou conjunto de informações**: comunicação entendida como **troca de informações**, Arte entendida como **meio de comunicação**, portanto como **obra que coordena fluxos de informação**, processos mentais e/ou sociais entendidos como mecanismos computacionais, ou seja, mecanismos de processamento de informação. Esse reducionismo extremo, que caracteriza muitos campos de pesquisa e profissionais contemporâneos, descende da chamada **Filosofia Analítica**, que tem raízes na Matemática, nas ciências exatas, e no método científico padrão, chegando a condenar todas as outras vertentes da Filosofia como sendo carentes desse **rigor científico**.

Parece-me que essa crítica implícita, ou mesmo explícita, deve ser feita porque essa mentalidade formalista e informacional ameaça dominar muitos campos da vida cotidiana, impondo o mesmo reducionismo mutilador que já foi aplicado a muitas outras áreas, como a indústria, a estatística e a gestão de Estado, o meio financeiro e a ciência padrão.

Foi uma estratégia desta pesquisa, e da organização deste livro, concentrar-se nos procedimentos formais, informacionais e instrumentais que estão sintetizados na Cibernética: ali encontram-se os principais elementos do que chamo "Ideologia da Informação" – a partir dela, foi possível estabelecer um diálogo mais consequente entre a tremenda instrumentalidade do tempo presente e uma abordagem de projeto não instrumental, sem ter-se que recorrer a uma enorme quantidade de referências aos múltiplos campos de conhecimento que contribuíram para a conformação da Cibernética e áreas correlatas.

Desde já afirmo: é proposta conhecer esses procedimentos para que se possa superá-los ou, pelo menos, torná-los ferramentas e não paradigmas com peso categórico e determinístico.

A influência da "Ideologia da Informação" é bastante saliente na área profissional e de conhecimento conhecida como "Design da Interação" (*Interaction Design*), que trata da análise e/ou doprojeto do conjunto de interfaces em operação em determinado contexto sociotécnico.

Em sua maioria, os conteúdos, métodos e abordagens projetuais do "Design de Interação" têm origem nas ciências exatas (Ciência da computação, Matemática, Lógica) ou das engenharias (Engenharia elétrica e eletrônica, Engenharia de software, hardware ou Computação). A relação desses componentes do "design de interação" com o cotidiano é **instrumental,** ou seja, tentam controlar seu funcionamento de maneira estrita, debelar as multiplicidades que sempre se proliferam na vida urbana e social. Uma das características mais comuns é tratar o ser humano como peça de um sistema – o que fundamenta-se na própria análise que a Cibernética faz das coisas: peças em um sistema definido matematicamente.

Como forma de compensar o reducionismo extremo, alguns pesquisadores e profissionais recorrem a conteúdos e métodos das ciências sociais, como a Etnografia, a Antropologia e a História, mas o fazem como a apropriação de elementos úteis isolados, e não como uma aceite de suas premissas: que o conhecimento matemático não é absoluto, que na base de todas as ciências há a Filosofia, e que o mundo é fundamentalmente um ambiente não totalmente formalizável, sempre há um excedente desconhecido e incontrolável.

Operar o **Metadesign** sem o amparo ético da **Arquitetura Livre** tende a ser a repetição das mazelas dessa "Ideologia da Informação", dessa abordagem por demais **instrumental** de criação dos objetos da urbanidade contemporânea e futura.

O que é "Metadesign"?

"Metadesign" é um termo que surgiu diversas vezes na história recente da cultura ocidental. Em 1963, Andries Van Onck o define como o "processo de projeto do próprio processo de projeto". Essa acepção reflexiva, alude à própria etimologia do termo: desde a Metafísica de Aristóteles, o prefixo "meta-" aplica-se a um movimento reflexivo de autoconhecimento, ou de auto-observação: utilizar meios de um campo para considerar esse próprio campo. A "meta-história", por exemplo, aplica métodos da história para considerar a própria história, respondendo a perguntas do tipo: "que tipo de história se fazia na Grécia antiga?" O mesmo se aplica à metalinguagem, à metamatemática. Algumas das palavras que utilizam o prefixo são ciências (como no caso da metamatemática e da metahistória), enquanto outras não (como no caso da metalinguagem: recurso da linguagem das mídias, narrativo e literário; e também do Metadesign: fazer o Design do próprio Design.) (VAN ONCK, 1965).

Por outro lado, o prefixo "meta", palavra grega, significa "além", "após", "a seguir", "depois de", "na sequência", "uma série", significados ligados à ideia de movimento de ponto-a-ponto, de transposição. Esse prefixo aparece em palavras que aludem a esse tipo de movimento: metáfora, metonímia, *meta* (como objetivo de um movimento), metabolismo. Nesse sentido, o **Metadesign** trata de um design de entidades que possam operar essa mobilidade e alterabilidade de conceitos: objetos do **Metadesign** seriam projetos que possam operar a transposição de princípios de projeto de contexto a outro, e que possam superar as diferenças entre casos específicos, em função de uma operação genérica que se aplique em muitos casos diferentes.

Um ótimo exemplo dessa acepção é o MetaFont: programa de computador criado por Donald Knuth que desenha fontes tipográficas de maneira semiautomatizada; ao contrário do procedimento tradicional de *type design*, em que o designer cria letra por letra, ajustando laboriosamente as qualidades do alfabeto como um todo, o MetaFont altera todos os glifos de uma família tipográfica de uma única tacada. Ou seja, Knuth não criou apenas uma fonte, mas sim uma **metafonte** tipográfica: em tese, todas as fontes imagináveis estariam contidas em seu programa, carecendo apenas de um designer que indique os ajustes desejados.

Nesse sentido, todos os programas de computador seriam "metaentidades": o Photoshop seria a "metaimagem *raster*", por exemplo – pois, todas as possíveis imagens compostas por pixel estariam previstas em sua programação.

Essa noção profundamente abstrata é uma das mais poderosas do **Metadesign**, e uma das mais difíceis de ser dominada.

Uma maneira bastante prosaica para compreender-se essa segunda acepção foi proposta pelo urbanista Varkki George: a cidade é uma entidade de tal complexidade que exige que o urbanista se afaste um grau de abstração de seu objeto de projeto. George propõe que o urbanista, ao projetar uma cidade, deva criar um objeto intermediário entre o ele e seu objeto de projeto. Ele chama esse objeto intermediário de "ambiente de decisões", e é a partir desse que outros projetistas podem criar efetivamente a cidade e as entidades que a compõem. A primeira vista, pode parecer uma abordagem estranha ou inovadora, mas, na verdade, George alude apenas ao modo **como o urbanismo é, em geral, feito**: o ambiente de decisões é algo muito similar à legislação urbana, que é a referência necessária e fundamental que norteia e controla qualquer projeto que venha ser feito para a cidade, desde os edifícios ao arruamento, passando ainda pelo mobiliário urbano etc. (GEORGE, 1997).

George chama sua abordagem de "projeto de segunda ordem" (*second order design*), e utiliza o termo **Metadesign** para aludir a ele. É uma forma abstrata de projeto: as entidades criadas pelo **Metadesign** não são concretas (o edifício ou as ruas), mas abstratas (regras de como construir edifícios e ruas). Mas podemos ampliar essa compreensão, e pensar em objetos abstratos que norteiam a criação de outros objetos abstratos. Nesse caso, a distinção entre "concreto" e "abstrato" não é tão fácil – e veremos que essa distinção não é binária e definitiva, mas depende do ponto de vista de quem contempla os objetos do **Metadesign**.

Existe, ainda, uma terceira denominação para o termo. Ela está ligada ao processo pelo qual uma entidade projeta a si mesma. Não mais uma metalinguagem do design, ou a criação de entidades abstratas produtoras de ainda outras entidades; mas a criação de uma entidade por meio de operações que ela engendra em si mesma.

É neste sentido que Maturana (1998) e Virilio (1996) utilizam o termo. Para o primeiro, "metadesign" é o processo pelo qual um ser vivo atinge sua autorregeneração, ou ainda sua autocriação (o que Maturana e Varella chamam de *auto-poiésis*). Para o Virilio, "metadesign" é um processo, em geral, ilegítimo, de produção do mundo cotidiano: a sociedade criando a si mesma, definindo seu próprio funcionamento – Virilio denuncia esse processo como ocorrendo quase sempre à revelia da maioria da população, havendo grupos específicos que sequestram os meios de autoprodução da sociedade e cultura e os direcionam segundo seus próprios interesses.

Tanto a segunda como a terceira acepções do **Metadesign** aludem à Complexidade – e envolvem conceitos da biologia, da emergência, da tecnologia, da política etc., enfim, de uma miríade de campos de conhecimento e ação que fazem com que o **Metadesign** seja, inevitavelmente, uma forma de conhecimento **transdisciplinar**, que trata de conceitos oriundos de muitas áreas de conhecimento, de acordo com o objeto de projeto que está sendo considerado e/ou manipulado.

E aludem também à construção de seres que, sendo de extrema complexidade, escapam de nossa compreensão ou percepção. Isso implica que o **Metadesign** deve trabalhar com ferramentas que permitam o acesso a essa Complexidade autoprodutora.

No vasto repertório de projeto em operação na sociedade contemporânea, em especial aquele relacionado à Cibernética, existem ferramentas adequadas para a tarefa do **Metadesign**. Boa parte deste livro está dedicado a descrevê-las e ativá-las conceitualmente para aplicação pelos profissionais da **Cultura de Projeto** – o *metiér* profissional dos Designers, Arquitetos, Artistas e Urbanistas.

O que é Arquitetura Livre?

Esse repertório de projeto adequado para a complexidade tem sua origem em áreas de conhecimento alheias à **Cultura de Projeto** – e são de caráter marcadamente **instrumental**, ou seja, de comando, controle, determinação e limitação. Seu fundamento está no reducionismo científico: a capacidade de reduzir drasticamente o volume de informação necessário para que se possa compreender e manipular alguma entidade.

Essa instrumentalidade tão alastrada no mundo contemporâneo ameaça constantemente a autonomia de grupos e indivíduos, mesmo em sociedades politicamente libertárias. Isso ocorre porque a instrumentalidade inerente à tecnologia digital, e aos grupos sociais que a operam, funciona pela construção de *Categorias* que organizam não apenas nossa compreensão do mundo, mas também as formas de ação e criação consideradas aceitáveis. É disso que fala Virilio quando usa o termo **Metadesign** (idem).

Por outro lado, existe uma linhagem filosófica que veio, nos últimos 150 anos, aproximadamente, questionando essa característica instrumental da sociedade industrial e pós-industrial. Começando com Nietzsche, questiona-se a própria motivação que fundamenta a dita "lógica instrumental", identificada pela Filosofia Crítica de Adorno, Benjamin e Horkheimer (MOURA, 2005; MATOS, 2005) – fala-se de controle e não de bem-estar, são jogos políticos e de dominação sociopolítica que se engendram pela cultura, constituindo processos de construção da tecnologia, da indústria e dos meios de comunicação e interação. Essa construção também é da ordem da complexidade, e envolve uma compreensão mais ampla do agenciamento das ações humanas – e também não pode, por sua vez, ser reduzida sem que seja mutilada: não existem "vilões" nesse processo, tampouco soluções simples e garantidas.

Como tática para a construção de uma opção à Instrumentalidade, foram tomados conceitos que a Fenomenologia da Percepção de Merleau-Ponty (1975, 1996, 2000 e 2006), o Pós-Estruturalismo de Foucault (2000), de Latour (1998 e 2000) e de Deleuze e Guattari (1995 e 1997), bem como o Situacionismo de Debord (1997 e 2003) propuseram como fundamento para um pensamento não instrumental, que não repete os mesmos formatos de análise, crítica e criação que foram afirmados pela chamada Filosofia Analítica, a qual fundamenta as ciências exatas e a maior parte do pensamento científico e formal contemporâneo.

A **Arquitetura Livre** foi proposta a partir da importante e pioneira contribuição do **Software Livre**, e vê nele uma referência para o processo de criação colaborativa, uma forma distribuída (não centralizada) de projeto. Ali existem princípios fundamentais para promover-se a colaboração, mas mesmo eles poderiam potencializar-se tomando referências da filosofia crítica e contemporânea.

A **Arquitetura Livre** levanta essas referências e as ativa para nortear uma abordagem ética de projeto que possa superar as tendências reducionistas, limitadoras e constritoras que estão presentes no ambiente urbano, na tecnologia digital, nos sistemas de produção material e industrial.

Complementaridade entre Metadesign e Arquitetura Livre

Os elementos que compõem o **Metadesign** – se vistos em sua origem, na Cibernética, na Engenharia de sistemas, nas ciências exatas, na Ecologia, na Filosofia tradicional – tendem a um modo de pensar **sedentário,** estático, e estatizante: o **sistema** enquanto um modo coagulado, atemporal, de pensamento – a criação de metas e objetivos, e seu cumprimento como realização última desse sistema. A **Arquitetura Livre** reconhece a impossibilidade de uma "realização última", que as coisas permanecem em movimento, o que promove sua nomadização, torná-lo nômade, ampliando o espaço da subjetividade, a mobilidade dos conceitos, ideias, propostas, objetos – apropriar-se desse repertório tão estático em sua origem, e transformá-lo em um ferramental de mobilidade conceitual, de alteridade de propostas.

Em termos filosóficos mais tradicionais, o tema geral do **Metadesign** é o **Ser**, como objeto estático e estabilizado; e o tema geral da **Arquitetura Livre** é o **Devir**, as entidades difusas e fluidas da vida concreta, da criação bruta do que Deleuze e Guattari chamam de "ciência nômade". Daí a importância de uma reavaliação do papel da **Arte** no cotidiano e o questionamento das categorias que organizam a criação dos objetos no mundo contemporâneo.

O **Metadesign** que apresento na primeira parte deste livro já é contaminado por essa complementaridade com a **Arquitetura Livre** – ele já apropria-se daquele repertório de pensamento sedentário e promove sua re-significação para que possa operar como entendimento e criação nômade.

A **Arquitetura Livre** relativiza a instrumentalidade do **Metadesign**, e o aplica a uma visão descentraliza, distribuída e colaborativa da Criação e do Projeto.

1

Abstração

1.1 Escalas de Complexidade

A complexidade pode ser simplificada, mas paga-se um preço por isso. Existem objetos ou entidades com um grau maior ou menor de complexidade, como lidar com essa variação?

Em um sentido muito simples, e descomplicado – descendente da Cibernética (ASHBY, 1970) – a **Complexidade** é uma função do número de elementos que compõem um **sistema**: quanto maior o número de entidades, mais complexo será o sistema.

Pode parecer que essa denominação é por demais banal, ou mesmo prosaica, e que não possa ser levada muito a sério. Certamente, existem outras compreensões da complexidade – principalmente, aquelas que aludem a como ela não pode ser reduzida sem que se perca algo no processo; como é o caso da Complexidade como entendida por Morin (MORIN, 2005).

Por outro lado, uma maneira de compreender-se a Complexidade é como um conjunto muito grande, muito extenso, de coisas muito simples – a "complicação" da complexidade, ou seja, nossa dificuldade de compreendê-la, é apenas consequência do acúmulo de entidades muito numerosas. Como diriam alguns, a Complexidade é um conjunto de simplicidades.

Um conceito importante é o de **Sistema**: muitas áreas de conhecimento utilizam o termo para aludir a qualquer **totalidade funcional**, ou seja, uma coleção relativamente unificada de objetos que funcionam de maneira coordenada e articulada como um **todo**. Pode-se entender o Sistema como representação da realidade – a coleção de signos, desenhos, figuras que descrevem alguma realidade, ou pedaço da realidade –, ou ainda como a **realidade em si**. Essa distinção entre representação e objeto representado é crucial para compreender-se o **Metadesign**, assim como também é fundamental par muitas áreas de conhecimento: tradicionalmente, aceita-se que a representação existe como que "fora" da realidade, enquanto referencia-se a ela – mas também é muito comum tomar essa representação como sendo uma substituta inteiramente válida para a realidade, alguns diriam: "tal objeto É um sistema com tais características". O Metadesign, e a **Arquitetura Livre**, partem do princípio de que essa dualidade pode ser superada ao considerar-se a representação como **parte** da realidade, e não como uma entidade separada.

Um aspecto interessante, e bastante útil, é que uma descrição da realidade, sua "representação", é uma **redução** daquela realidade, como que pudéssemos "reduzir" um objeto à imagem dele – ou então, "reduzir" a realidade à sua representação. Aqui está a grande questão do Metadesigne da **Arquitetura Livre**: compreender algo envolve, quase que sempre, sua redução, mas acreditar que essa redução da representação basta para suprir uma representação **definitiva** é um problema grave, e possivelmente um erro também grave. No entanto, é praticamente impossível lidar com as coisas sem que façamos usos de representações, e por isso é importante ter-se em mente que essa **simplificação** é um ato criativo e subjetivo, por mais que seja produzido em âmbitos que se vejam como totalmente **objetivos**, como as ciências exatas, por exemplo. E, assim sendo, ele varia de acordo com o contexto social, cultural, como o repertório de cada um, com as tecnologias em uso etc.; ele não é um conhecimento definitivo ou completo sobre o mundo, mas sim temporário, circunstancial e incompleto, que pode ser aplicado em muitos contextos, mas não em todos.

De qualquer maneira, partiremos do princípio de que a **Complexidade** pode ser conhecida e manipulada, e que existem ferramentas apropriadas para isso. A maior parte deste livro consiste na descrição e problematização delas.

Camadas

Existem entidades (coisas) mais ou menos complexas: desde um objeto dito **simples**, como uma cadeira, por exemplo, até um objeto dito **complexo**, como uma cidade ou um sistema interativo. Como dito acima, um modo simples de compreender a complexidade é como o acúmulo de muitas entidades simples.

Para compreender melhor esse processo de acumulação, pode-se recorrer à imagem de "camadas" sobrepostas; desde uma camada muito simples, como poucos objetos, até uma camada muito complexa, com muitos objetos. Um exemplo disso encontra-se na biologia: podemos compreender a complexidade da vida no planeta descrevendo-a por meio de níveis em que se organiza essa complexidade. Começando com átomos, pode-se organizá-los em moléculas, as quais podem

A complexidade pode ser compreendida em camadas ou "níveis".

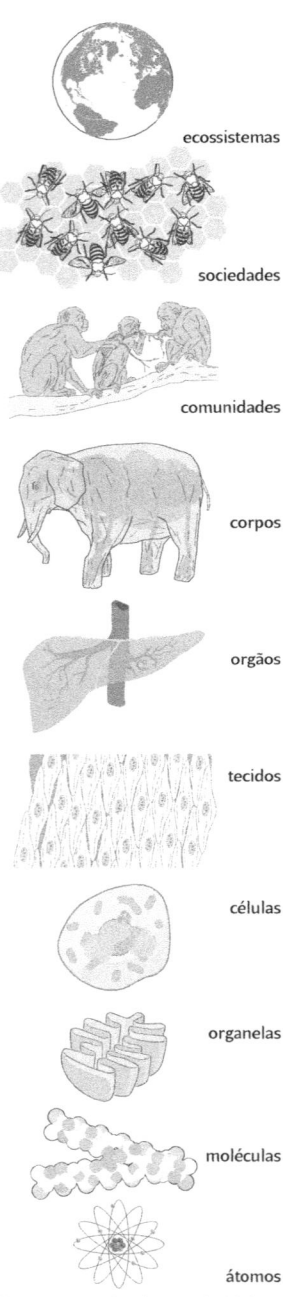

ecossistemas

sociedades

comunidades

corpos

orgãos

tecidos

células

organelas

moléculas

átomos

Figura 1.1 – Escalas de Complexidade em biologia. Essa é uma interpretação visual das sucessivas camadas de complexidade cumulativa.

organizar-se em organelas celulares; estas, organizam-se em células, estas em tecidos, estes em órgãos, estes em sistemas (como o respiratório, por exemplo), estes em corpos (um ser humano), estes em comunidades, estas em sociedades, estas em ecossistemas (Figura 1.1).

Cada camada, ou nível, é determinada pelo tipo de objeto que ali se organiza: átomos, moléculas, organelas etc. Cada camada apoia-se sobre a anterior: moléculas dependem de átomos para existir – por outro lado, as camadas superiores também interferem nas inferiores: um ser humano pode alimentar-se ou ser medicado, o que terá consequência para seu metabolismo, ou seja, o que se passa no nível molecular de seu corpo.

Podemos aplicar essa compreensão a um sistema de mobiliário: Pode-se projetar uma cadeira isoladamente, e uma mesa, e ainda um armário, uma bancada etc. Pode-se, ainda, resolver isoladamente as questões de produção do encaixe do rodízio no pé da cadeira, sem que se perceba que essa resolução também se aplicaria a outras peças de mobiliário. Por outro lado, pode-se considerar o sistema de mobiliário como a coleção de soluções de produção, a seleção de materiais, tipos e formas repetitivas, que dão origem ao desenho de cada uma das peças do sistema, que, por sua vez, serão coordenados em um projeto de um sistema completo. Ele poderia ser problematizado, ainda, como a coleção de componentes e subcomponentes de cada peça de mobiliário que faz parte da coleção completa: desde o nível das hastes de alumínio e aço, parafusos e fixadores, passando pelo nível dos componentes, como pés e suportes, tampos e assentos, plataformas etc., bem como pelo nível das peças isoladas (a cadeira, a mesa, a estante etc.), chegando, por fim, ao sistema completo e integrado funcionalmente, apropriado para o desenvolvimento de um projeto de design de interiores (Figura 1.2).

Outro contexto interessante é o da computação e informática. Um computador pode ser compreendido como uma coleção de níveis funcionais, desde o nível mais baixo, do hardware e da linguagem de máquina, até os mais altos, como o do processo de interação homem–máquina, da interface ou interatividade – nos níveis intermediários, encontram-se entidades como o sistema operacional, os aplicativos, os arquivos. Todos funcionam de maneira coordenada, e cada nível tem uma relação paradoxal com o próximo (acima ou abaixo): em certa medida, ele é independente (podem-se utilizar diferentes sistemas operacionais sobre um mesmo hardware,

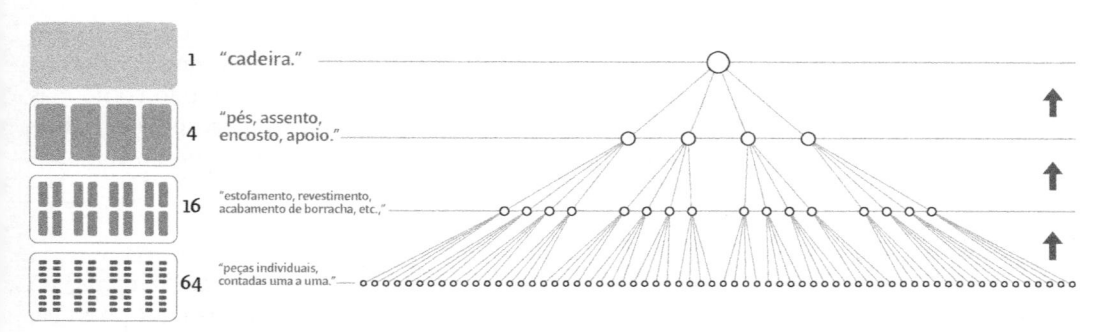

Figura 1.2 – Esquema hierárquico da montagem de uma cadeira. Note o aumento da complexidade proporcionalmente ao aumento numérico dos módulos listados em cada nível de abstração. A organização hierárquica permite a "unificação" de múltiplos objetos em um único "módulo", a "cadeira". Objetos de um nível de abstração mais baixo vão se agrupando em módulos que, por sua vez, se agrupam em módulos mais complexos até chegar-se ao objeto completo.

por exemplo), mas também depende diretamente dele (se faltar energia para o hardware, o sistema operacional pára de funcionar imediatamente). É como se cada camada, ou nível, tivesse uma relação dual, de dependência e independência, em relação ao seu contexto. Cada nível dá suporte para o próximo, mas também é influenciado por ele (Figura 1.3).

Um modo de compreensão da complexidade é considerá-la a partir de níveis, ou camadas, diferentes: se observarmos a cidade como a coleção de todos seus componentes, de maçanetas de porta a automóveis, da infraestrutura de água e esgoto aos cidadãos em movimento pelas ruas, e ainda a legislação urbana, os choques políticos etc., ela será uma entidade praticamente incompreensível. Não é por acaso que existem dispositivos visuais e simbólicos para lidar com essa escala de complexidade muito ampla: plantas, mapas, dados estatísticos etc. Para compreender uma entidade complexa como uma cidade, é interessante compreender o maior número possível de seus componentes em níveis mais baixos, mas também é imprescindível subir às camadas de acúmulo de objetos, e observá-la como um todo, como a coleção daqueles objetos.

O interessante, e talvez surpreendente, é que o universo tende a se organizar de um modo que haja "entidades compreensíveis" em qualquer escala de complexidade que o observemos, que podem ser entendidas em seu próprio nível. Por outro lado, muitos filósofos e pensadores dizem que, na verdade, o que ocorre é que produzimos representações, percepções e conhecimentos a respeito da realidade, e que são elas que se organizam à maneira de camadas de complexidade.

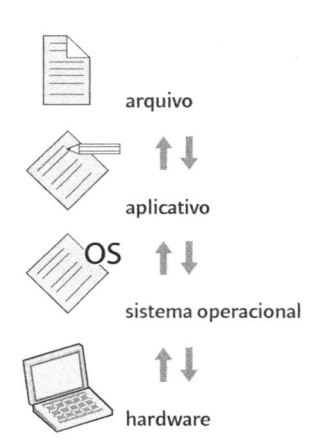

Figura 1.3 – Níveis de abstração em computação pessoal. Concretamente, as camadas de abstração em computação, mesmo a pessoal, são muito mais complexas, mas esses 4 níveis são suficientes para a compreensão prosaica que se faz da computação nas funções produtivas do dia a dia.

Mesmo que haja entidades concretas que se organizem em "patamares" de acúmulo de objetos, muito do que caracteriza nossas representações é sua subjetividade, o modo como elas são construídas em determinado contexto perceptual e cultural – momento histórico, grupo social, alinhamento sociopolítico, repertório, acesso à tecnologia etc.

Número

A relação entre complexidade e número de entidades.

Como vimos, há uma relação numérica, de "tamanho de conjuntos", que define a complexidade. De maneira prosaica, pode-se dizer que um objeto simples tem menos entidades em sua composição do que um objeto complexo. Assim sendo, uma camada, ou nível mais baixo de complexidade, tem menos entidades do que um nível mais alto. O número de átomos em uma molécula orgânica é muito menor do que o número de átomos em todo o corpo humano. E não seria possível considerar esse corpo como sendo uma coleção imensa de átomos. Nós o percebemos, e interagimos com ele, como um corpo coeso, coerente e unificado.

Do mesmo modo, dizemos que estamos sentados em uma "cadeira", e não em "uma entidade composta de pés, assento, encosto, articulação, rodízios, estofamento etc.". Nós reduzimos numericamente a entidade a "apenas uma coisa". E a quantidade de entidades tende a ser aproximadamente a mesma, não importa o nível de complexidade com que consideremos o universo – pelo menos, permanece-se na mesma "ordem de magnitude" de entidades: entre 10 e 100 entidades, em cada nível, e não entre 10 e 10 milhões. Por outro lado, dependendo dos recursos cognitivos e perceptuais que utilizamos para considerar a complexidade, esse número tende a variar muitíssimo: veremos que é possível ampliar o número de entidades compreendidas em um determinado momento por meio do uso de diagramas e "ontologias"; mas, tendo-se uma coleção constante desses recursos, essa regularidade é também surpreendentemente constante, e certamente é uma função das nossas capacidades, e limitações, de percepção e compreensão do mundo.

O mesmo objeto pode ser observado em múltiplos níveis diferentes, desde os mais baixos, de mais difícil compreensão, com mais subobjetos (os quintilhões de átomos que compõem o corpo humano, por exemplo), até os mais altos, com menos subobjetos (os diversos sistemas vitais que compõem o corpo humano, respiratório, circulatório, digestivo etc.) de mais fácil compreensão. Não que nossa compreensão seja **completa**, mas que simplesmente seja **possível**.

Para compreender o mundo, tendemos a reduzi-lo à sua representação, como um modo de poder vê-lo de maneira mais duradoura: que suas constantes mudanças sejam como que controladas, o **Devir** seja debelado. Essa tendência reducionista acaba por nos convencer que o mundo é essa representação. É como se nossas características cognitivas se impusessem ao mundo, forçando-o a conformar-se às nossas limitações. Essa "cegueira" causada pelo modo como compreendemos o mundo não é, necessariamente, permanente: podemos compensar essa tendência ao reducionismo com a multiplicação das representações, procurando por visões múltiplas, e até mesmo conflitantes, da "mesma entidade". Essas variações de representação encontrarão limites diferentes entre as camadas de complexidade: diferentes interpretações engendrarão diferentes representações.

1.2 Caixa-Preta

Em Cibernética, há um termo denominado "Caixa-Preta": um conjunto de objetos que são "encapsulados", tornados uma coleção fechada de entidades, cuja operação e funcionamento são conhecidos. Essa é uma das técnicas mais utilizadas para a simplificação da complexidade. Ela é tão comum que é utilizada diariamente pela maioria das pessoas – mesmo que elas não usem o termo "caixa-preta" para indicar o processo de redução que estão impondo aos objetos que encontram ou produzem – e também não incorram na formalização precisa e estrita da Cibernética: ao nomear um objeto, e explicar para outra pessoa o que aquele nome alude, está se reduzindo o objeto àquele nome, encapsulando-o sob uma denominação – a cultura produz uma miríade de "caixas-pretas", assim como a ciência e a indústria; como maior ou menor grau de formalização (precisão estrita e definição lógico-matemática).

Criar "caixas-pretas" pode ser uma atitude banal, mas o que há de poderoso e, também, de perigoso, nessa ação?

Em cibernética, essa ação é chamada de "**Abstração**".

Conjuntos e Abstração

Ao organizar objetos em algum domínio – a casa, o equipamento de produção na indústria, em uma oficina, ou documentos em arquivos – tende-se a agrupá-los de acordo com duas lógicas: (1) características similares, construindo-se grupos coesos – como no caso da taxonomia dos seres vivos, em que seres similares constituem grupos: chimpanzés, gorilas e seres humanos são agrupados como antropoides, por exemplo –, ou (2) em

Abstração.

*Agrupar, organizar, abstrair. A **ignorância seletiva** das ciências e do conhecimento formal.*

virtude de conexões funcionais – como no caso de peças de um equipamento ou dos órgãos de um sistema do corpo humano, o pulmão, a traqueia, e o diafragma são entidades não similares que fazem parte do sistema respiratório, por exemplo. No caso da indústria, pode-se também agrupar objetos de acordo com sua operação e/ou funcionamento (todas as peças de uma cadeira, por exemplo) ou de acordo com similaridades (todos os parafusos de um sistema de mobiliário, por exemplo).

Esses conjuntos podem ser representados como domínios que contêm outros subdomínios ou que são contidos em superdomínios. Nesse caso, pode-se recorrer a uma representação em um diagrama em forma de árvore, que tem muitas ramificações, nos níveis hierárquicos mais baixos, e que vão convergindo em um número gradualmente menor, em níveis hierárquicos mais altos (CAPRA, 1990, p. 275). É a mesma abordagem utilizada na classificação de entidades, como na taxonomia das espécies biológicas em gêneros, famílias, ordens, classes, filos, reinos e domínios (Figura 1.4).

No caso da taxonomia, o agrupamento tende a ser hierárquico (centralizado); no caso da organização funcional e/ou operacional, o agrupamento pode serhierárquico ou reticular(descentralizado, em forma de rede).

Esse processo de agrupamento permite que se considerem as entidades com maior simplicidade, pois reduz o número de entidades que deve-se ter em vista. Por exemplo, que, para aludir ao sistema respiratório, não precisamos citar ou listar todos seus componentes, agrupados em múltiplos níveis

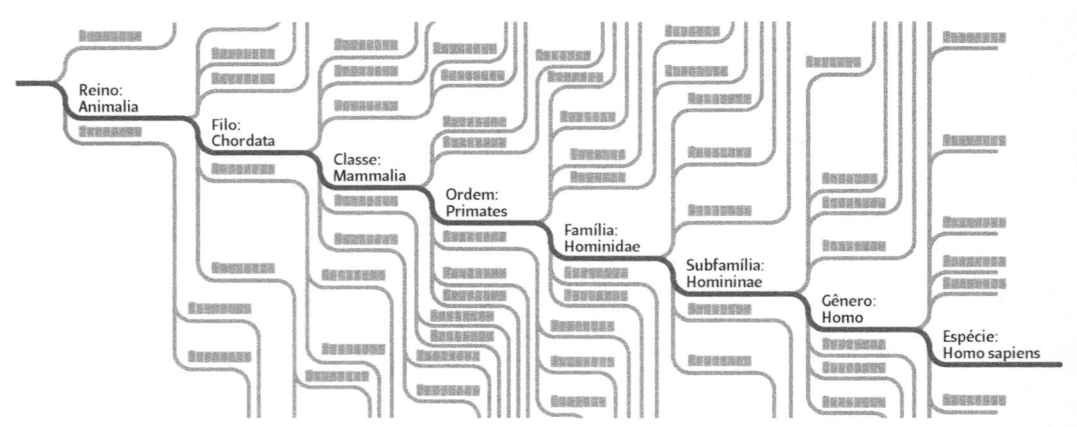

Figura 1.4 – Árvore taxonômica das espécies, apresentando o exemplo da espécie H. sapiens. A cada nível descendente, vai-se da categoria mais ampla e geral à menor e mais específica. A exata construção de uma taxonomia das espécies variou de acordo com a vertente de pesquisa e com o aprimoramento das técnicas taxonômicas. Concretamente, foi a observação dos espécimes que promoveu sua classificação como parte de uma espécie, e o posterior agrupamento destas em um gênero, e destes em subfamílias, e assim por diante, até chegar-se aos reinos ou domínios.

hierárquicos e funcionais, desde as moléculas até os órgãos; basta citar o sistema em questão, e todos seus componentes estarão invocados ali. A definição daquele agrupamento, o sistema respiratório, implica o extenso conjunto de subcomponentes, pulmão, diafragma etc.

Essa "implicação" permite que deixemos de citar muitas coisas, que apenas tenhamos em vista um número menor de entidades, mesmo que essas entidades contenham, implicitamente, uma enorme complexidade em níveis mais baixos.

Isso é uma "ignorância seletiva", e torna possível que se articulem conceitos, ideias, operações, mecanismos, invenções de complexidade muito grande. As ciências operam exatamente por essa seleção do que é necessário, ou não, se mencionado para que se tenha um quadro preciso de um domínio do conhecimento: o que for dispensável pode ser deixado de lado nas descrições, pode ser "ignorado".

Quando se tem uma imagem coesa, sintética e coerente de um determinado objeto de conhecimento, a ciência **abstrai** o conteúdo daquele objeto e passa a tratá-lo como um conjunto fechado, cujos componentes podem ser ignorados sem que haja perda da compreensão. Isto é **abstrair**.

Abstração é: "A visão de um problema que extrai a informação essencial relevante a um propósito em particular e ignora o restante da informação." (IEEE apud BERARD, 2006.) Ou ainda: "[...]a operação mediante a qual alguma coisa é escolhida como objeto de percepção, atenção, observação, consideração, pesquisa, estudo etc., e isolada de outras coisas com que está em uma relação qualquer. [...]" (ABBAGNANO, 1998, p.4).

A palavra **abstrair** vem do latim e significa **separar, tornar independente**. Quando construímos um conceito, estamos abstraindo um princípio de seu contexto de origem, e estamos tornando-o aplicável em outros contextos.

Encapsulamento, módulo e caixa-preta

Em cibernética, opera-se a abstração pela montagem de conjuntos e pelo seu isolamento em uma "cápsula", um conjunto funcional que se conecta a outros conjuntos, mas cujo conteúdo pode ser ignorado, ou pelo menos pode-se deixar de tê-lo em vista sem perda da compreensão das funcionalidades daquela "cápsula" (Figura 1.5).

Esse processo de encapsulamento é muito poderoso, e torna possível que um sistema seja sequer apreensível. Em biologia, pode-se ver as moléculas como "cápsulas abstratas"

A abstração é a construção de módulos funcionais coordenados em um sistema.

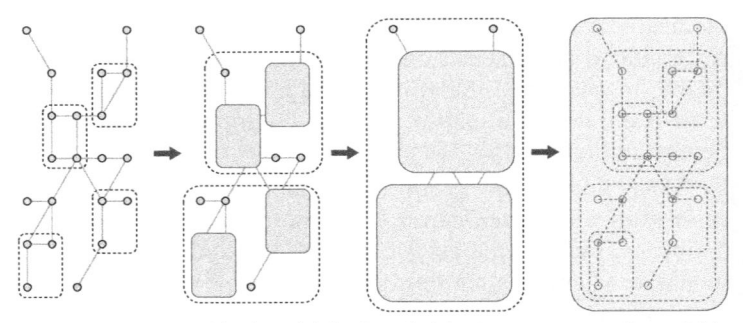

Figura 1.5 – Esquema genérico da modularização gradual de componentes em um sistema: inicia-se com uma coleção de peças, que são agrupadas de acordo com suas funções; repete-se esse processo até atingir-se a unidade completa do sistema. A cada passo, os componentes são encapsulados em "caixas-pretas", módulos cujo conteúdo é ignorado no próximo nível de abstração.

cujo conteúdo, os átomos, podem ser ignorados, pois conhece-se o funcionamento da molécula em outro nível de complexidade que não do simples átomo isolado. Moléculas são, então, encapsuladas em organelas, cujo funcionamento para a célula pode ser compreendido sem termos constantemente em vista o funcionamento de cada molécula que a compõe. E assim por diante, em escalas sucessivas de agrupamentos e encapsulamento.

Isso se aplica, com frequência assombrosa, nas questões da cultura humana. Desde a gestão empresarial até a governamental. Em especial, esse é um procedimento banal na indústria e na computação. Produtos de consumo produzidos industrialmente encerram uma tremenda complexidade que se oculta sob denominações de surpreendente simplicidade – a exemplo do automóvel: um aparato composto por diversos sistemas coordenados em um dispositivo que pode ser compreendido e operado por uma pessoa com parcos conhecimentos, ou nenhum, de mecânica, de física/química, de metalurgia etc. O automóvel contemporâneo é um dispositivo que encapsula esses diversos e numerosos subdispositivos em um todo organizado que pode ser tomado, percebido e operado em sua individualidade. Sob outro ponto de vista, o automóvel é um subcomponente de um sistema mais amplo, e mais complexo: o sistema de transportes urbanos, que é composto pelos veículos, pelas vias de trânsito, pelos sistemas de sinalização e controle de tráfego etc.

Cada "cápsula" gerada por esse processo de abstração é um conjunto coeso denominado "Módulo": um componente de um sistema que tem seu funcionamento previsto e controlado.

Em geral, o termo módulo – que vem do latim *modulus* ("pequena medida", referência de medida) – é empregado em Design Gráfico, Design Industrial, Arquitetura e Urbanismo como um objeto de tamanho controlado, que se coordena, se "encaixa", em um arranjo de geometria controlada. Essa característica "modular" é crucial para a construção civil pré-fabricada, chegando a ser conhecida como sinônimo dessa modalidade de construção.

No entanto, o módulo tem uma denominação mais ampla, mais sofisticada e poderosa: é um componente de um sistema cujas características podem ser resumidas em apenas dois conjuntos: seus *inputs* e seus *outputs* – o que deve entrar, e o que deve sair, do módulo para que ele funcione adequadamente. Os *inputs* e *outputs* podem ser quaisquer entidades que possam relacionar dois módulos entre si: fluxo de energia elétrica, emissão de dados e informações, transmissão de força mecânica, trocas gasosas e de fluidos, tamanho e coordenação geométrica.

Nesse sentido, caracterizar um módulo é descrever seus *inputs* e *outputs*. Desse modo, dois módulos serão considerados equivalentes, iguais entre si, caso tenham os mesmos *inputs* e *outputs*.

Essa concepção extremamente instrumental é aplicável em muitos contextos diferentes: pode-se substituir o motor de um automóvel por outro que tenha as mesmas "especificações", ou seja, possa se "encaixar" no sistema/automóvel de maneira adequada; pode-se substituir os rodízios de uma cadeira de escritório por outros, casos estes tenham a mesma especificação de resistência mecânica, abrasão, deslocamento etc.

Se, efetivamente, pode-se ignorar os subcomponentes de um módulo, então pode-se tratá-lo como uma cápsula estanque, dotada de canais de contato, comunicação e conexão com outros módulos. Essa cápsula estanque chamada-se "caixa-preta", assim denominada porque seu conteúdo não é visto e seu invólucro é opaco, preto.

Mesmo que a denominação seja apenas uma metáfora, a "caixa-preta" será vista como um objeto desprovido de entidades menores, mesmo que seu funcionamento dependa concretamente delas. Em Cibernética, Ciência da computação, Programação de computadores, e Engenharia de software, existe um procedimento de avaliação de um componente denominado "teste da caixa-preta", que opera pela análise dos *inputs* e *outputs* do módulo ou componente em questão – seus subcomponentes são inteiramente ignorados.

Se o módulo estiver em perfeitas condições de operação, essa ignorância pode ocorrer. Caso haja algum problema tem-se duas opções: (1) substituição do módulo, ou (2) "abrir-se" a caixa-preta, e verificar quais de seus subcomponentes está avariado.

Mas, quando é que os *inputs* e *outputs* de uma entidade são totalmente conhecidos, a ponto de justificar, definitivamente, que ela seja encapsulada, modularizada, tornada uma caixa-preta?

Mesmo que a resposta seja "nunca", ela não impede que esse processo instrumental de abstração reducionista seja aplicado com muita regularidade – na verdade, constitui-se uma das práticas de organização, controle e cognição mais constantes da cultura industrial e produtiva.

Sistemas, indústria e integração

Um sistema pode ser construído de maneira distribuída, descentralizada e integrada, caso haja uma referência abstrata: à **Arquitetura do Produto.**

Um dos aspectos desse encapsulamento é que os objetos gerados por ele são também parte **integrada** em um sistema maior. E a integração de sistemas complexos depende da **modularização** desse sistema: sua construção como uma coleção de peças relativamente independentes entre si.

Grande parte da potência da indústria está em sua capacidade de decompor algum produto em peças, em subcomponentes, que possam ser concebidos, projetados, desenvolvidos, implementados e testados separadamente. Ao se concluir esse processo de desenvolvimento independente de componentes, pode-se unir todas as peças de um sistema, compondo uma totalidade integrada.

Esse processo de composição se realiza pelo projeto da "Arquitetura do Produto": as especificações que caracterizam os diversos módulos que constituirão o produto acabado. Os módulos componentes são, por sua vez, especificados da mesma maneira: cada módulo será descrito como a coleção de ainda outros módulos, que compõem essa "meta-módulo" (SAKO, 2003).

Na indústria, esse processo de decomposição pode apenas operar-se se os *inputs* e *outputs* de cada módulo forem discriminados detalhadamente, e possa-se delegar inteiramente sua elaboração e produção para outras empresas, indústrias ou grupos. Aí está a característica que torna a produção industrial serializada uma empreitada viável: se cada componente de cada módulo tivesse de ser levado em consideração sempre que outro componente estivesse sendo planejado, projetado e construído, a fabricação de muitos dos produtos banais de nosso cotidiano seria impossível – dada a multiplicação desenfreada de relações que deveriam ser tomadas, uma a uma, como objeto de projeto. Com a modularização, o processo de projeto se concentra em um número limitado e controlado de relações, primeiramente as relações entre os componentes do módulo, e apenas posteriormente as relações entre os módulos.

Podemos, inclusive, reconhecer aqui a verdadeira diferença entre produção industrial e artesanato: a primeira opera pela racionalização do processo de produção, que se inicia com a construção de uma entidade abstrata, a "Arquitetura do Produto", a qual norteará a produção de uma miríade de componentes em contextos e situações dispersas, mas controladas tendo como referência essa entidade abstrata; já o artesanato opera pela produção apenas parcialmente racionalizada, e mesmo que haja algo similar à entidade abstrata "Arquitetura do Produto", o artesão pode alterar, e efetivamente altera, suas características em função do contexto concreto de produção – um pedido "fora do padrão", a disponibilidade maior ou menor de uma matéria-prima etc. Desse modo, as comuns iniciativas de "industrianato", que integram a produção industrial serializada e a produção artesanal manual, acabam por impor essa "Arquitetura do Produto" sobre a variabilidade e falta de controle do artesanato, integrando-o em um processo de produção racionalizada.

Um dos campos em que melhor pode-se observar a aplicação da modularização é a fabricação de micropastilhas de silício para a computação (os chamados *microchips*). Desde seu surgimento na década de 1960, o vertiginoso crescimento no nível de complexidade, desempenho e velocidade dos microprocessadores dependeu de um controle muito preciso da modularização do sistema (MOORE, 1965; MEINDL, 1987). As entidades da computação (hardware, software, sistemas operacionais, programas, aplicativos etc.) são das mais perfeitamente modularizadas.

Mas a modularização se aplica em muitas áreas diferentes do mundo industrial, sendo praticamente impossível imaginá-lo sem sua modularidade. Um exemplo, bastante emblemático, é o modo como seres humanos são modularizados: do tamanho dos assentos em locais públicos e meios de transporte, até as rações servidas em refeitórios, trata-se todas as pessoas como se fossem exemplares idênticos. Boa parte das afirmações de que estaríamos em um período "pós-industrial" se apoiam na ampla gama de variedades que são disponibilizadas pela gestão industrial contemporânea: os chamados "nichos de mercado" e a "customização" dos bens de consumo de massa só são possíveis graças a um controle ainda mais sofisticado da modularidade dos sistemas de fabricação industrial. Ou seja, não é a modularização que cede lugar à variabilidade, é a sofisticação do controle modular que permite o atendimento a demandas "fora do padrão". Como é o caso dos automóveis com itens "personalizáveis": a primeira exigência para atender-se às variações é o detalhamento ainda maior dos módulos, de modo que as opções possam ser disponibilizadas sem que se alterem outras partes do sistema (SAKO, 2003).

1.3 Ontologias

Sistemas e Ontologias são representações, a Ecologia é uma alusão a algo concreto – mas, os Sistemas e Ontologias são parte integrada da Ecologia Humana.

O termo **Ontologia** vem da filosofia, e significa o "estudo do Ser", ou seja, do que pode, ou não existir. Durante séculos, desde Aristóteles em *Metafísica*, a ontologia se ocupou em determinar as **categorias** com as quais é possível compreender a realidade. Muitos sistemas ontológicos foram propostos, e postos por terra. Durante o século XX, passou-se a ver com crescente desconfiança que sequer fosse possível construir um sistema **categórico** que pudesse ser aplicável em qualquer situação (ABBAGNANO, 1998).

Na segunda metade do século, com a rápida ascensão da computação como meio de manipulação de informação e de automação, o termo foi apropriado pela informática, e recebeu uma conotação bastante mais modesta: especificar as categorias que se aplicam a um determinado contexto. Essa apropriação deriva da noção de ontologia que a filosofia pragmática estabeleceu, e que deu origem à teoria da informação e à computação (idem).

Em filosofia, as Ontologias procuravam descrever os objetos mais gerais, aquilo que caracterizava a própria constituição fundamental do universo. Em computação, as Ontologias procuram apenas oferecer um esquema de classificação das entidades contempladas pelo sistema em questão, e nada além. Desse modo, elas assumem um papel de organizar nossa cognição de acordo com contextos específicos. Elas são produzidas tendo-se em mente sua limitação, circunstancialidade e aplicabilidade específica. Operam como um mapa abstrato, que indica agrupamentos e classificações, operações e relações características de um sistema.

De maneira similar à filosofia tradicional, a ontologia pragmática afirma o que pode, ou não, existir em uma realidade. Ela, verdadeiramente, organiza essa realidade, representando-a em um conjunto de **categorias** – as quais são a referência para organizar as entidades encontradas e/ou produzidas. Do ponto de vista pragmático, manipular uma ontologia é manipular a realidade, pois alteram-se as vias pelas quais aceita-se que a cognição e a criação podem ocorrer.

Por esse motivo, criar, desenvolver, ajustar e aprimorar ontologias é uma parte muito importante do **Metadesign**.

Modelos e arquitetura da informação

Responder a uma questão no formato: "o que é isso?" é determinar um modelo para aquela coisa. O que é uma cadeira? Para responder, estaremos dizendo o modo como uma cadeira pode existir – mesmo que tenhamos uma visão bastante idiossincrática dessa questão. Podemos responder que ela é o ato de sentar. Ou então que é a coleção de peças e componentes articulados em um objeto para sentar. Ainda, um dos componentes de um sistema de mobiliário. Responder àquela questão é começar a compor a "ontologia de uma cadeira". Esse é um ato realizado por alguém, em um determinado momento histórico, sob certa ótica do objeto em questão, segundo um repertório vivencial e profissional específico. Ou seja, as Ontologias irão variar de acordo com a pessoa, ou grupo, que criá-las. Por sua vez, se tomada como referência, a ontologia irá nortear a ação dessa mesma pessoa sobre objetos similares ou sobre os contextos nos quais aquele objeto está.

Uma Ontologia é um **Modelo**, uma entidade abstrata que serve como referência para a construção, avaliação e controle de entidades. Modelos são Ontologias consideradas como objeto de projeto, de criação e manipulação, e não como um dado anterior, absoluto e imutável.

A palavra **modelo** tem origem etimológica similar à do **módulo**, e ambas indicam entidades similares – no entanto, o primeiro termo é utilizado para denominar uma imagem de entidades que aceitam-se como representação de outra – o "modelo em escala de um edifício" – enquanto o segundo é mais comumente tratado como uma parte da realidade – o módulo que desempenha determinada tarefa em um sistema.

Construir um **Modelo** é um ato bastante similar a construir uma **Ontologia**.

A forma mais geral para uma Ontologia é o de uma taxonomia: um conjunto de categorias que permite classificar toda e qualquer entidade que seja parte do sistema. Essa é uma estrutura hierárquica, a exemplo da taxonomia dos seres vivos, citada anteriormente. Em muitos contextos diferentes, aplica-se a noção de organização hierárquica para que seja possível uma organização exclusiva, como é o caso de sites de Web, ou outros repositórios de informação, como bibliotecas.

Representações são "Modelos", os quais são fundamentais para nortear as ações criativas.

Para descrever esse processo, utilizo o exemplo de um método muito disseminado no design para Web, ligeiramente alterado e simplificado, que foi popularizado por Morville e Rosenfeld com intenção de organizar-se sistemas complexos de informação para Web (1998; MORVILLE, 2004). Começa-se por uma listagem das entidades que compõem um sistema existente, ou que deverão compor um sistema que está sendo proposto. Essa listagem pode ser feita sem preocupação com ordem, precedência ou se a entidade é, em si, mais ou menos abstrata. No caso da ontologia/modelo de uma cadeira, pode-se listar os pés, seguidos pelo assento, pelo ato de sentar, pelo modo como a cadeira é comercializada. Essa etapa faz o recenseamento do repertório a ser transformado, reorganizado, em um modelo ou ontologia. Então, passa-se à fase de agrupamento, em que objetos similares são agrupados, de acordo com algum critério que se julgue pertinente. A partir daí, pode-se nomear esse grupo, que é um candidato a tornar-se categoria. Essas podem ser agrupadas de modo a conformar-se grupos maiores contendo grupos menores, ou, em outras palavras, categorias mais gerais (grupos maiores) ou mais específicas (grupos menores). O diagrama de uma taxonomia é uma árvore, com o objeto mais geral, o "sistema" no alto, do qual ramificam-se as categorias mais gerais, delas as mais específicas, até chegar-se em entidades consideradas "concretas".

Já o **Modelo** assume a forma de um sistema de conexões e/ou operações, similar a uma máquina ou mecanismo, em geral, descrevendo o fluxo de entidades, pessoas, dinheiro, energia, força mecânica etc. Existem "modelos financeiros", "modelos ecológicos", "modelos de ação", "modelos estruturais" etc. Eles indicam o funcionamento de um agenciamento específico: a conexão exata em que as forças mecânicas em uma ponte se estabilizam, as diversas entradas e saídas de pagamentos que indicam um fluxo de receita que tornará um empreendimento economicamente sustentável, dentre outros.

Assim como os sistemas industriais e da informática, os modelos são compostos por conjuntos de entidades encapsuladas, por módulos e caixas-pretas. Isso os torna operáveis e cognoscíveis, assim como os sistemas integrados já citados. O diagrama de um modelo tende a ser uma rede, composto por muitos componentes e subcomponentes, organizados em módulos funcionais.

O processo de construção de uma taxonomia é, atualmente, denominado "Arquitetura da Informação". Assim como há, na indústria, a "Arquitetura do Produto", a **arquitetura da informação**, entendida como o resultado dessa construção, ou seja, a taxonomia ou ontologia, opera como uma referência abstrata para o ordenamento de um conjunto de dados ou descrições de objetos – os quais norteiam outras operações (MORVILLE, 2004).

Se a taxonomia/ontologia e os modelos/módulos podem ser vistos como modos diferentes de ordenar entidades listadas a partir de uma análise (sistema existente) ou de um projeto (sistema proposto), a organização reticular (em rede) dos **Modelos** seriam o caso mais amplo, mais aplicável, e a organização em árvore (centralizada) das **Ontologias** seria um caso específico. Pode-se afirmar isso porque, mesmo nos sistemas de informação que precisam de organização estrita – como os repositórios na Web –, a abordagem que está mostrando-se mais aplicável, tanto pela sua viabilidade econômica, empresarial e institucional, como por sua adoção pelas comunidades, é a denominada *folksonomy*, um neologismo que une "povo" (*folk*) e "taxonomia". "*Tags*" (etiquetas virtuais, palavras-chave) são atribuídas aos objetos a serem classificados, e uma organização informacional emerge desse conjunto muito extenso de ações de classificação espontânea (TAPSCOTT; WILLIAMS, 2006).

A **Arquitetura da Informação** opera pela criação de um inventário das entidades que existem em um sistema, e pela indicação das conexões e relações entre elas. Proponho que o que emerge da atividade é um **Modelo**, que pode assumir um formato de classificação hierárquica – uma taxonomia – ou uma organização funcional – uma organização em módulos funcionais, indicando fluxos no sistema. De qualquer maneira, existem múltiplas possibilidades intermediárias entre a rede e a árvore – como veremos mais adiante –, mas realizar essas duas – o **modelo** de montagem, funcionamento e operação, e a **taxonomia de classificação** – já rende um entendimento profundo do sistema em questão.

Níveis de abstração

No caso de uma taxonomia, ou ontologia hierárquica, é fácil perceber-se que ela se organiza em níveis, em patamares ou camadas – do mais geral (mais alto no diagrama) ao mais específico (mais baixo no diagrama).

No caso dos modelos, ou módulos, pode-se perceber como os módulos vão se articulando em níveis, a partir de conjuntos – conjuntos maiores sendo compostos por conjuntos menores, em uma sucessão de patamares de agrupamentos, do objeto mais isolado – o menor objeto do sistema –, até o conjunto mais amplo – o sistema visto como um todo.

Em cibernética, é comum o uso da expressão "níveis de abstração" (ASHBY, 1970), que indicam níveis de complexidade ou níveis de acúmulo de entidades em caixas-pretas: cada patamar de encapsulamento indicaria um **nível de abstração**. A passagem de um nível para o próximo acima seria, no caso da taxonomia, o agrupamento de classes ou categorias em conjuntos mais gerais, e no caso do modelo, cada encapsulamento de um conjunto funcional de peças em um módulo funcional.

Na taxonomia da biologia, a passagem de um nível de abstração para outro estaria no agrupamento de espécies – como a *homo sapiens* – em famílias, como a *hominidae*. Na organização funcional da biologia, a passagem estaria no encapsulamento de diversos órgãos em um sistema.

Na organização taxonômica do design industrial, essa passagem estaria de modelos diferentes de cadeiras na categoria "cadeiras", em uma exposição, por exemplo. Na organização funcional, a passagem estaria no encapsulamento das peças que compõem uma cadeira na entidade denominada "cadeira".

Além do mais, os níveis de abstração não precisam ser exclusivos, se assim não for necessário ou desejado. Eles se organizam também de maneira transversal, e é a isso que atestam as iniciativas de *folksonomy*. Regiões mais hierárquicas podem se relacionar a outras, mais reticulares.

Utilizar o conceito de **níveis de abstração** é interessante para que se possa indicar em que escala de complexidade suas considerações ou intenções de projeto se aplicam.

Nos meios tradicionais do design e da arquitetura utiliza-se o desenho em escala gráfica, que permite a representação de entidades muito grandes ou muito pequenas, mediante a redução ou a ampliação – existe todo um conjunto de práticas cognitivas e de comunicação que utilizam a escala gráfica como referência fundamental.

Do mesmo modo, falar de um **nível de abstração** "mais alto" ou "mais baixo" é uma ferramenta cognitiva banal em Ciência da computação e Cibernética e que poderia ser de grande valia para os profissionais da Cultura de Projeto.

Essa ferramenta permitiria, por exemplo, que o **escopo de projeto** não fosse local, ou por contiguidade, mas por conectividade e/ou afinidade: do mesmo modo que as comunidades não mais se fundam sobre a vizinhança ou proximidade espacial, os projetos para a **Complexidade** poderiam também fundar-se em relações funcionais entre entidades não avizinhadas, uma abordagem transdisciplinar que torna-se mais explícita e apreensível por meio da construção de **modelos abstratos**, que aludem a sistemas dotados de entidades em domínios díspares, relacionados pelas intenções de projeto.

Uma aplicação em **design de interação** tende a ser organizar de tal maneira, com elementos funcionais distribuídos em diversos domínios: a interface do usuário depositada sobre a máquina com a qual interage-se, a integração de serviços realizada pela empresa operadora de telefonia, o modelo de receita que sustenta a operação etc.

1.4 Máquinas abstratas (Ecologia)

Tantos nas organizações reticulares, como nas hierárquicas, pode-se subir ou descer, nas escalas de complexidade, atravessando níveis de abstração. Caso inicie-se a viagem no alto, no mais geral, no mais amplo ou mais complexo, e desce-se até o mais específico, menor ou mais simples, denomina-se prosaicamente de *top-down* (do alto, para baixo). Se a viagem vai no sentido contrário, denomina-se *bottom-up* (da base, para cima).

Pode-se superar a noção de "abstração como separação", e construir-se máquinas abstratas, que operam além da oposição simples entre representação e realidade. Construir Ecologias.

A experiência concreta mostra que construir modelos e/ou ontologias pela abordagem *top-down* – ou seja, construindo-se categorias ou módulos de alto nível de abstração, independentemente do que existe (análise) ou existirá (proposta) em níveis mais baixos, mais concretos e específicos – tende a resultar em modelos de constituição ou funcionamento convencionais ou conservadores, pouco inovadoras. Já no sentido oposto, *bottom-up* – construindo-se entidades em que a abstração ocorra gradualmente, a partir da concretude das relações como se estabelecem diretamente – tende-se a sistemas mais inovadores, dotados de alguma contribuição.

Isso se dá porque, ao abordar-se um sistema a partir da abstração mais alta, tende-se a lidar apenas com representações isoladas, apartadas de contextos concretos de existência e aplicação. Isso ocorre em ciência, quando uma teoria aceita mostra-se em desacordo com os dados observados – pode-se negar os fatos em função da permanência do modelo explicativo existente, ou pode-se aceitá-los, e criar um novo modelo.

Muitas das propostas de alto gabarito tendem a pecar por essa mazela. Muitos gestores, em especial do poder público, tratam de problemas novos – a exemplo da congestão crescente das vias públicas da cidade de São Paulo – com modelos abstratos tradicionais e estabelecidos: nesse caso, a proposta "padrão" seria o maior investimento em transportes públicos e de massa, como compreendidos por esse modelo tradicional de transportes urbanos. Mesmo que exista uma série de obstáculos que não façam parte do modelo – como o agenciamento da indústria automobilística como setor da economia, e os hábitos de locomoção dele derivados. Por outro lado, pode-se considerar a questão a partir dos elementos de menor nível de abstração disponíveis: o ato da locomoção individual – o corpo humano, seu tamanho, massa e necessidades – e o repertório tecnológico mais sustentável ecologicamente em disponível – os veículos a tração humana, bicicletas, os motores elétricos de baixa potência etc. Nessa segunda abordagem, a ontologia, os modelos e os módulos resultantes são, quase que necessariamente, inovadores: o projeto *Pocket Car*, que coordeno conjuntamente a Marcus Del Mastro, diz respeito a um veículo compacto da escala de um triciclo a tração humana dotado de rodas/motor, de baixa velocidade – a intenção desse projeto é a recuperação da qualidade ambiental das grandes cidades, além do conforto dos passageiros e pedestres. O modelo de uso do veículo seria em regime de *car-sharing*, ou seja, a propriedade do veículo não é do usuário, mas de uma operadora licenciada que o disponibiliza em determinadas estações de recarga, manutenção e depósito. O *Pocket Car* é um projeto de escopo descontínuo, dedicado à composição *bottom-up* de entidades inovadoras (Figura 1.6).

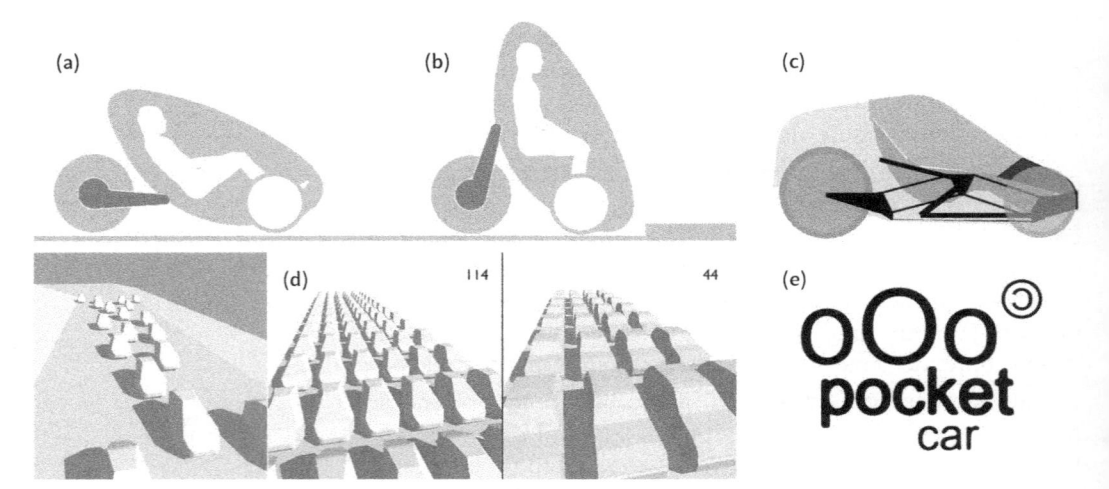

Figura 1.6 – Projeto *Pocket Car*. Diagrama das duas posições de uso: (a) velocidade e (b) passeio. Diagrama de estudo da estrutura interna (c). Comparativo da ocupação do espaço das vias de circulação (d). Logo do projeto (e), dotado do sinal de *copyleft* que comunica seu caráter aberto e colaborativo. O projeto *Pocket Car* traça uma relação direta entre Design de Produto e Urbanismo, em uma modalidade de projeto que pode apenas ser compreendida por meio de níveis de abstração.

A atitude *top-down* implica, em geral, a imposição das representações sobre o mundo concreto. Enquanto a atitude *bottom-up* implica, em geral, construir entidades abstratas a partir de percepções concretas sobre entidades concretas, que vão sendo apropriadas pelos modelos, ontologias, taxonomias e módulos para a construção de sistemas.

Para compreender esse embate entre representação e concretude, proponho que o sistema, a ontologia, os módulos, modelos e taxonomias, sejam todos **representações** – do mesmo modo que, aquilo que chamamos de "realidade", também é uma representação – tão profundamente arraigada que a confundimos com o próprio mundo concreto.

O entendimento do termo **realidade** como sendo abstrato, uma representação, é traçado historicamente até o Iluminismo, e foi denunciado continuamente como tal pelas vertentes da filosofia pós-Nietzsche, como a filosofia crítica, o Pós-Estruturalismo e a Fenomenologia. A **realidade** é um esquema de entendimento, que organiza a cognição que fazemos das coisas. Desse modo, ela é um objeto de criação e convenção (ABBAGNANO, 1998; MATOS, 2005; DELEUZE; GUATTARI, 1995, 1997, dentre muitos outros).

Mas isso não impede que ela tenha tremenda importância como norteadora de nossas ações, que ela própria construa as coisas concretas. É isso que se opera quando a atitude *top-down* está em operação: representações norteando a construção do mundo – a repetição dos modelos, como que decalques sobre a cidade, os objetos, as práticas urbanas, os produtos industriais e a comunicação de massa.

Por outro lado, pode-se assumir essa incompletude do conhecimento, que nossos modelos são sempre imperfeitos, e que pode-se, pelo menos, aludir à concretude. Creio que essa é a abordagem **Ecológica**.

O termo **Ecologia** tem muitas conotações. Dentre elas, adoto aquela derivada da noção ampla do termo: Ecologia como o conjunto de entidades concretas que compõem o ambiente em que vivemos, e cujas relações não podem ser desfeitas sem alterar definitivamente a própria constituição das entidades e, portanto, do próprio ambiente (GUATTARI, 1990; BATESON, 2000). Nesse sentido, **Ecologia** é um termo que aponta para o concreto, e seu uso indica um campo muito extenso, imperfeitamente conhecido, e sempre mutável de entidades e relações. As representações podem apenas como que "correr atrás" dessa complexidade mutante, em constante **devir** que é a concretude.

Mas, paradoxalmente, as representações também fazem parte dessa **Ecologia**, elas também interferem sobre as operações e ações do mundo – elas não estão em um plano paralelo, distinto, que apenas pousa sobre o mundo; elas estão entranhadas nele. Deleuze e Guattari falam de "máquinas abstratas" – que envolvem esse modo renovado de compreender a relação entre abstração e concretude (DELEUZE; GUATTARI, 1995b).

Seria interessante que esses modelos, ontologias, taxonomias, módulos, caixas-pretas, em múltiplos níveis de abstração – entendidos como parte dessa complexidade aludida pela **Ecologia** – operassem como **máquinas abstratas**. Sua criação e manipulação é a principal ação do Metadesign.

*O preço que se paga é a mutilação do reducionismo e o falso isolamento da representação. Para superá-los, não adianta abandoná-los, deve-se multiplicá-los, evocar um número maior de representações, modelos e ontologias. Desse modo, pode-se manipular as **Ecologias** de informação, industriais, socioculturais, as múltiplas e complexas relações que configuram a o aparato abstrato que chamamos **realidade**.*

Diagramas

2

2.1 Autonomia do diagrama

Se, com os **níveis de abstração**, começa-se a responder *o que é* (taxonomia/ontologia) e **como funciona** (modelo/módulo) um sistema, com o uso de **diagramas** e dos princípios da **topologia**, começa-se a responder **onde está** o sistema, ou seja, sua compreensão, representação e produção enquanto **espaço** – não apenas o espaço gráfico da imagem bidimensional, ou o espaço habitável da arquitetura, ou o espaço geométrico da configuração do objeto; mas também neles e em outras configurações que demonstrem ou disponibilizem o arranjo de conexões, forças e fluxos de um sistema, modelo ou realidade.

A partir da obra de Deleuze e Guattari, o termo "diagrama" ganha enorme notoriedade e aplicação em Arquitetura e Urbanismo (NOBRE, 1999) – mas considero que não é necessário aludir a esse campo de aplicação: a disseminação das múltiplas e plurais formas diagramáticas é de tal amplidão, que pode-se fazer um percurso por outras práticas, que não essas – e pode-se, com isso, enriquecer-se a discussão.

O diagrama alude a um campo muito preciso de representação e, ao mesmo tempo, de realidade: o diagrama não é a representação sintaticamente controlada da comunicação verbal, e tampouco é a representação figurativa da imagem; e, ainda, não é a síntese de ambos, em alguma forma mista ou híbrida. O **diagrama** tem uma realidade e uma concretude próprias.

Topologia e isomorfia

Um bom início para considerar-se o **diagrama** está na **Topologia**: o ramo da matemática que lida com a estrutura lógica do espaço – do grego *topos* (local) e *logos* (estudo racional e coerente). A Topologia surge no início do século XIX com o nome de *analisis situ*, em latim, o mesmo significado do nome em grego. Naquele momento, ela era uma abordagem matemática de cunho primeiramente intuitivo, fazendo uso da competência inata humana de percepção e construção perceptiva do espaço que é fundamentalmente topológica, ou vice-versa, foi ela o fundamento da topologia (COURANT; ROBBINS, 2000; VURPILLOT,

> *A complexidade é, ao mesmo tempo, concreta e abstrata – para projetá-la, são necessários diagramas.*

1969). Posteriormente a Topologia tornou-se um dos fundamentos mais gerais da matemática moderna, suscitando uma série de questionamentos e aprimoramentos para a formalização nessa área, envolvendo muitos conceitos avançados em lógica, teoria dos números e formalização da Matemática (DEVLIN, 2002).

No entanto, é possível falar de uma Topologia "ingênua" na qual os conceitos fundamentais dessa área de conhecimento sejam sintetizados em alguns poucos princípios – na verdade, dois tipos de objetos topológicos podem ser postulados como suficientes para a maioria das figuras, configurações e arranjos topológicos diretamente acessíveis e utilizáveis na maioria das situações que não sejam exclusivas do conhecimento matemático formal: **grafos** e **regiões**.

Grafos são, possivelmente, as figuras ou objetos gráficos mais fundamentais, simples e de aplicação mais geral: figuras compostas por **entidades**, que podem ser representadas por círculos, quadrados, locais, cidades, pessoas, computadores, ou qualquer imagem etc. conectados por **relações**, que podem ser linhas, curvas, caminhos, estradas, cabos etc. – coisas (nós em uma rede) e ligações (conexões) (Figura 2.1).

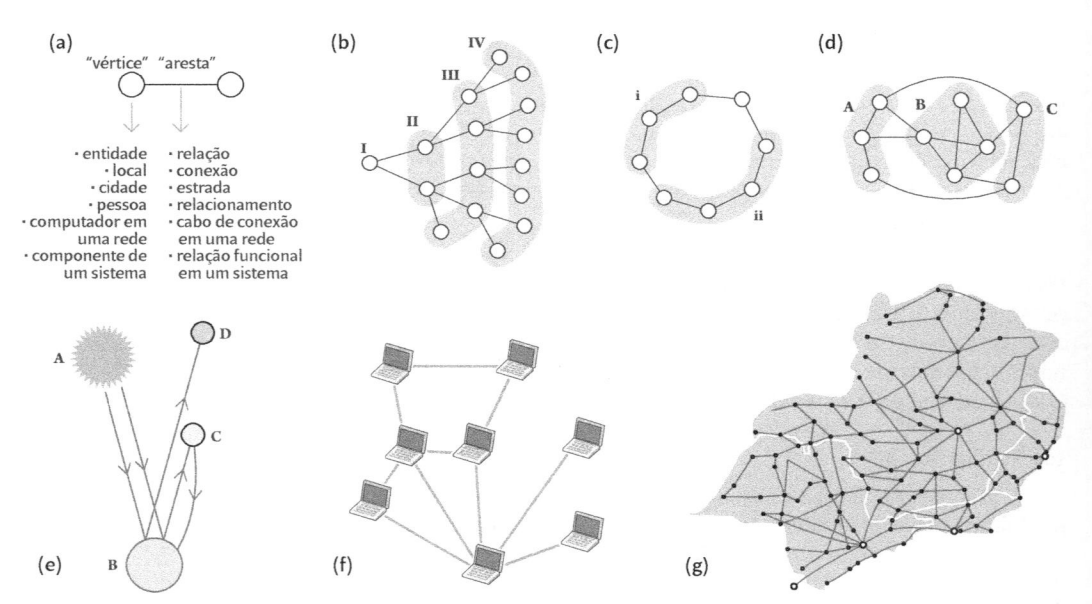

Figura 2.1 – Os elementos fundamentais de um Grafo: (a) Exemplos de aplicações de grafos; (b) grafo hierárquico, com 4 níveis (I, II, III e IV); (c) grafo em anel, organizado em 2 regiões (i e ii); (d) grafo em rede (reticular), organizado em 3 componentes (A, B e C); (e) grafo que representa o "efeito estufa": os raios do Sol (A) incidem sobre a superfície da Terra (B) e são refletidos de volta para o Espaço (D), uma parcela desta energia é absorvida pela Atmosfera (C) que volta a aquecer a Terra (B); (f) grafo genérico de uma rede de computadores; (g) Mapa da Região Sudeste do Brasil, cidades e estradas de rodagem. Grafos podem ser "direcionados", como em (e), ou não. Podem, ainda, ter imagens em seus nódulos como em (f), ou apenas simples círculos.

Regiões são áreas, volumes ou massas, corpos etc. que delimitam algum campo ou espaço. Elas são definidas por uma **fronteira**, que indica o espaço **dentro** da região, e seu oposto, aquele **fora** da região – sendo o dispositivo utilizado para indicar as fronteiras de um conjunto, ou grupo de entidades. Sob uma abordagem mais rigorosa em topologia, pode-se reduzir as regiões aos grafos. Mas, do ponto de vista intuitivo, eles são entidades de natureza diferente, e podem ser aplicados a entidades diferentes ou a compreensões diferentes dessas entidades (Figura 2.2).

Grafos e **Regiões** são figuras, ou entidades, tão simples, prosaicas, corriqueiras e fundamentais, que falar delas com mais delonga parece ser redundante ou banal. Mas, por outro lado, essa banalidade atesta sua generalidade. E lidar com mais atenção com essas entidades tão fundamentais pode render percepções, e ações, bastante poderosas – pois nos permitimos questionar aquilo que nos parece, à primeira vista, comum e corriqueiro: o modo como as coisas estão **configuradas**, ou seja, sua conformação topológica.

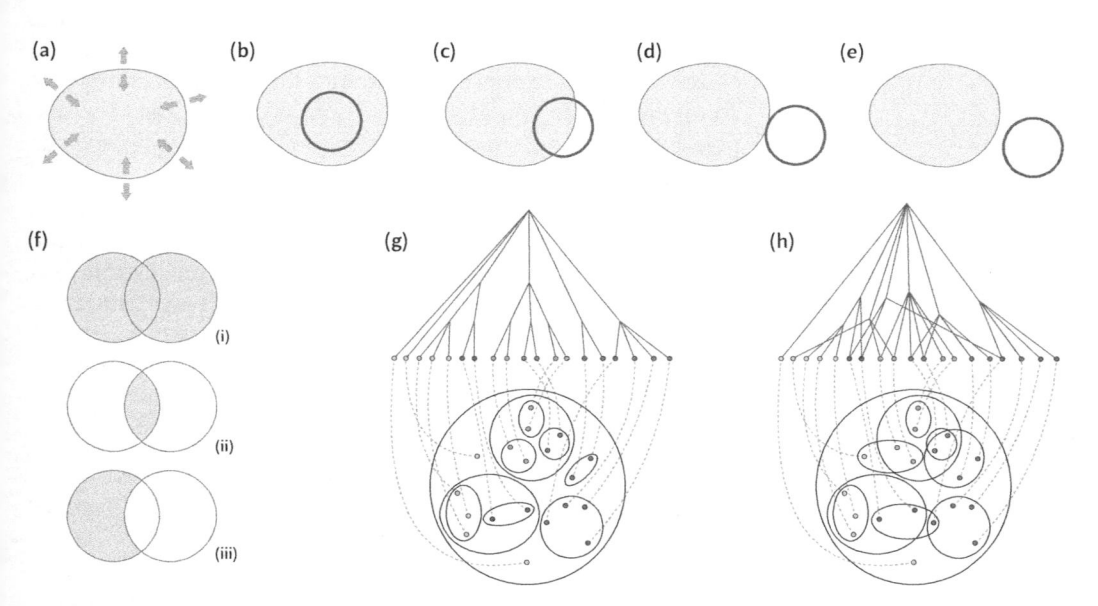

Figura 2.2 – Apectos fundamentais da Região: (a) uma região delimita uma área ou volume, indicando o interior e o exterior; Regiões podem estar em diversas relações entre si: (b) contenimento; (c) sobreposição; (d) contiguidade; (e) separação; (f) se duas regiões estão sobrepostas, é possível realizar-se as 3 operações booleanas: (i) união, (ii) intersecção e (iii) subtração; Grafo e diagrama de regiões isomórficos: em (g) há composição de regiões exclusivas, que não se interpentram ou sobrepõem; em (h) as regiões se interpenetram, em conjuntos sobrepostos, o grafo isomórfico apresenta cruzamento das linhas e hierarquias.

Uma das definições mais gerais da Topologia "o estudo das propriedades das figuras que permanecem invariáveis face a transformações topológicas": a transformação que pode ser feita sem que se "rasgue", "corte" ou "quebre" o objeto que é transformado – uma região do objeto que está contígua a outra permanece nessa relação (DEVLIN, 2002). Essa definição permitiu que se reconhecesse a igualdade entre entidades aparentemente muito diferentes entre si, porque sua **conectividade**, sua configuração como coleção de entidades conectadas de certa maneira, é a mesma.

Essa igualdade é denominada **isomorfia**, do grego *ison* ("igual") e *morphé* ("forma"), ou seja, "forma igual", em lógica matemática e filosófica. Tanto em lógica como em Topologia, a isomorfia indica relações de igualdade ponto a ponto, entre dois termos, ou duas entidades (BRANQUINHO *et al.*, 2006; ABBAGNANO, 1998). Ou seja, podemos dizer que uma entidade é **igual** a outra por meio de uma comparação que localiza entidades componentes iguais entre ambas.

Um aspecto importante da isomorfia é que, concretamente, nenhuma entidade, coisa ou objeto é idêntico, em todas suas características, a outra coisa, objeto ou entidade; sempre há alguma diferença. Ou seja, a "igualdade", a isomorfia, é outorgada porque aquilo que **se julga** ser a identidade da coisa é igual – as duas entidades possuem o mesmo conjunto de elementos que, de acordo com o que foi decidido, contém os componentes de sua identidade. Aquilo que se julga ser dispensável, para os efeitos da comparação, é ignorado: à moda da abstração que comentei no último capítulo.

Essa capacidade de julgar uma entidade, em comparação a outra, e outorgar-se a igualdade é uma faculdade absolutamente banal. Boa parte de nossa capacidade cognitiva de classificar as coisas do mundo funda-se nela: identificamos seres humanos, e distinguimos estes de outros seres, dessa maneira, a despeito das inúmeras diferenças entre os "espécimes". Fazemos o mesmo com objetos artificiais e industriais (Figura 2.3).

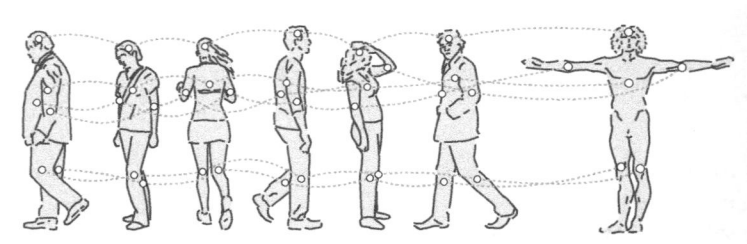

Figura 2.3 – Isomorfia, corpos humanos diferentes, mas com características comuns sufientes para que sejam considerados exemplares do mesmo *pattern*.

Patterns, árvores e rizomas

O modo "ingênuo" de se operar a isomorfia, portanto prontamente acessível a qualquer indivíduo e aplicável em termos de design e criação, é como o arquiteto e matemático Christopher Alexander trabalha o conceito de *Patterns*: diagramas que identificam princípios de projeto e composição – composições abstratas de objetos, espaços, ambientes, tecnologias, serviços, redes e processos. *Patterns* permitem que mesmo pessoas sem formação especializada em design ou Arquitetura (área da proposta inicial de Alexander) possam participar no processo de projeto, em uma dinâmica colaborativa e não centralizada (ALEXANDER, 1994 e 1966).

Patterns são diferentes do desenho técnico prosaico; enquanto este é a descrição para a realização de uma entidade em específico, o *pattern* é uma entidade abstrata diagramática que pode ter, ou não, similaridade geométrica com a entidade a ser produzida. Mesmo que o *pattern* não assuma o formato de um diagrama (como pode ser o caso de sua aplicação em programação e design de interação), ele ainda opera como um referencial abstrato, que não garante a isomorfia precisa e detalhada que existe entre desenho técnico e objeto construído/fabricado.

Os *patterns* também são diferentes dos *standards* (ambos traduzidos para o português como "padrões"): o *pattern* permite uma comparação aproximada entre duas entidades diferentes, mas que guardam suficiente semelhança entre si para que a experiência acumulada em um possa ser aplicada emoutra; já o *standard* fala das normas que descrevem detalhadamente a isomorfia de um tipo de objeto, e os critérios para se outorgar a igualdade que lhe garante ser identificada com o *standard* de referência. Além disso, o *pattern* resiste à total formalização, e permanece acessível à percepção; já o *standard* obriga à utilização de códigos e sintaxes específicas e especializadas, ao controle e à abstração desvinculada de uma percepção mais acessível – são normas codificadas aplicadas com teor de lei (ver mais sobre isso adiante).

O *pattern* promove a percepção e ação sobre princípios projetuais – tanto no design, como na Arquitetura, no Urbanismo, nas Artes, na Tecnologia, na Programação, e tantas outras áreas – mas, sempre de uma maneira aproximada, aberta à interpretação, apropriação, subversão, re-significação. Por esse motivo, ele é um objeto compartilhado para a colaboração criativa, e promove a circulação de conceitos pelas comunidades e pela cultura.

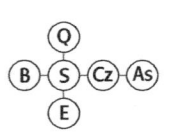

apartamento "quarto e sala"

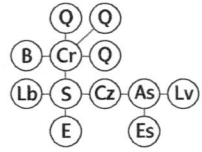

casa ou apartamento de classe média

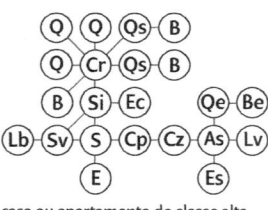

casa ou apartamento de classe alta

E entrada social
Es entrada de serviço
S sala de estar
Cz cozinha
Lb lavabo
Cr corredor
Q quarto de dormir
Qs suite
B banheiro
Lv lavanderia
As área de serviço
Es entrada de serviço
Ec escritório
Cp copa
Sv sala de visitas
Si sala íntima
Qe quarto de empregada
Be banheiro de empregada

Figura 2.4 – Pattern da "casa burguesa".

Segundo Alexander, a própria organização do *pattern* como diagrama, fazendo uso de princípios topológicos rudimentares, é o que permite essa acessibilidade e apropriação facilitada. Ainda mais: o *pattern* pode funcionar como uma máquina, indicando conexões entre as partes de um sistema, coordenando procedimentos, fluxos, processos e dependências entre essas partes.

Os **diagramas** permitem, ainda, a identificação de processos repetitivos, relações de dependência e modos recorrentes de organizar-se sistemas – tanto sistemas de informação, de representação ou simbólicos, como também sistemas de controle, movimento e projeto. Observando-se e analisando-se os diagramas, é possível reconhecer alguns grandes grupos de *patterns*: existem formas recorrentes de organização e conexão, e muitas vezes essa repetição não está prontamente acessível enquanto não se visualiza, ou se reorganiza, o sistema em questão como um **diagrama**.

Um dos *patterns* mais constantes no mundo urbano contemporâneo é o da chamada "casa burguesa": a organização diagramática dessa forma habitacional vai se conformando ao longo dos últimos séculos e torna-se uma das mais comuns em se tratando de unidades familiares de habitação – a entrada ligada a uma área de estar, que distribui a circulação para os cômodos privados (quartos), por sua vez conectados aos sanitários; ainda, da área de estar, distribui-se para a cozinha e área de serviços (Figura 2.4).

Esse *pattern* pode variar drasticamente, de acordo com o nível de poder aquisitivo, tipo de repertório sociocultural, localização urbano-geográfica, tipologia técnico-construtiva – mas seu arranjo fundamental, resumido acima, altera-se muito pouco. Se o compararmos com outros arranjos, como o palacete nobre medieval, ou a habitação camponesa pré-moderna, veremos que há diferenças bastante salientes. E o próprio *pattern* da casa burguesa está ligado à ascensão dessa classe social, a referência genérica do mundo industrial, assim como à construção da própria ideia de espaço privado (ARANTES, 1995; GERRAND, 1991).

Pode-se dizer que todos os objetos naturais e artificiais são reconhecidos por participar de um conjunto definido por um *pattern*: desde as peças de mobiliário – como uma cadeira ou uma escrivaninha – até a tipologia urbana – como vilas, cidades e metrópoles –, passando pela ciência – espécimes e espécies – e pela tecnologia – tipos de tecnologia e sua aplicação – identificamos e distinguimos entidades entre si de acordo com isomorfias parciais, e bastante difusas, que permitem a própria comunicação entre colaboradores durante os processos de projeto, pesquisa e construção/fabricação.

Estou falando, sob a ótica do design, de uma faculdade profundamente arraigada na mente humana: Piaget fala de **esquemas**, que seriam estruturas topológicas fundamentais para o pensamento, a cognição, e até mesmo para a percepção do mundo (PIAGET *et al.* 1969).

Mas, se os **diagramas** são algo além de formas de representação – por mais que profundas –, eles também devem ter sua função operacional como algo igualmente fundamental.

Deleuze e Gattari nos falam de dois tipos de entidades, e dizem que não são metáforas, ou apenas "esquemas", no sentido acima – são, concretamente, formas recorrentes na cultura e na sociedade: seriam a **árvore** e o **rizoma** (DELEUZE; GUATTARI, 1996).

A **árvore** seria toda forma de organização centralizada, dotada de elementos centrais, mais importantes, e elementos periféricos, menos importantes – uma estrutura hierárquica – ou com preferem os autores, um **agenciamento** hierárquico (Figura 2.5).

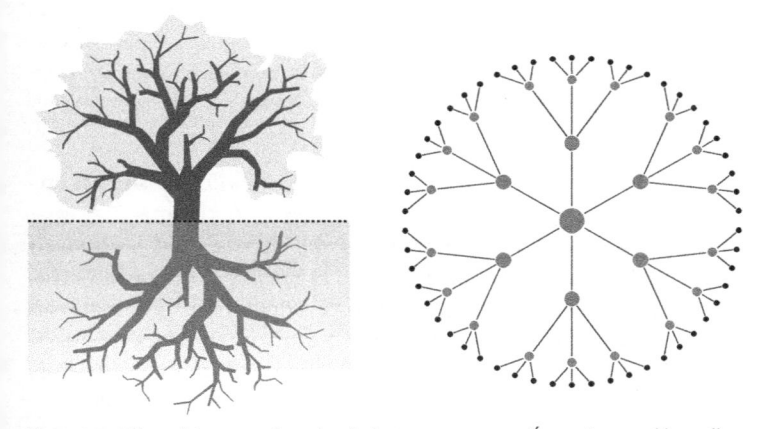

Figura 2.5 – A "árvore" é um organismo dotado de centro: seu tronco. "Árvores", no sentido que lhes foi conferido por Deleuze e Guattari, são organizações centralizadas, dotadas de níveis de hierarquia, do centro à periferia. Para desmontar, desagregar ou destruir uma árvore, basta retirar-lhe seu centro, seu "tronco" – por ali, passam todos seus fluxos.

O **rizoma** seria toda forma de organização não centralizada, melhor dizendo, descentralizada, desprovida de centro; suas entidades podem até mesmo variar de importância, mas isso não é determinado permanentemente ou sequer depende de sua posição no diagrama – um **agenciamento** não hierárquico.

Os autores dizem que são formas que podem ser identificadas em todas as áreas, desde a sociopolítica – o Estado é uma **árvore**, enquanto uma sociedade nômade ou tribal é um **rizoma** (Figura 2.6).

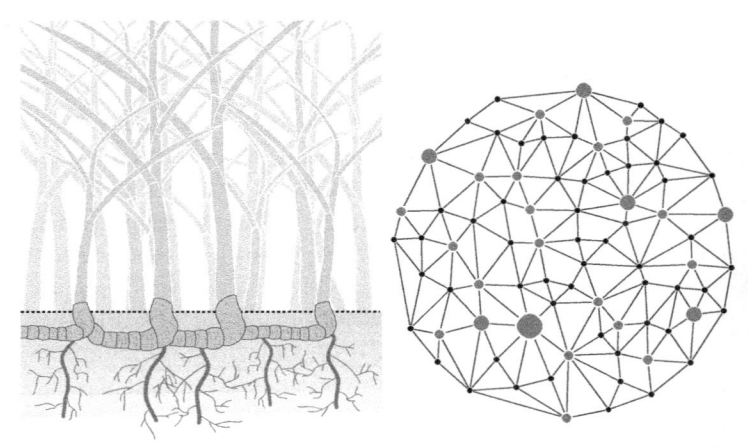

Figura 2.6 – O "rizoma" é um organismo desprovido de centro: seu caule subterrâneo se ramifica em múltiplas direções e conexões. "Rizomas", no sentido que lhes foi conferido por Deleuze e Guattari, são organizações distribuídas, desprovidas de hierarquias, mesmo que existam pontos mais ou menos importantes. É quase impossível desmontar, desagregar ou destruir um rizoma - seus fluxos são distribuídos, e se re-articulam de acordo com a necessidade. (Observação: o mesmo número de "nódulos" que havia no diagrama anterior da "árvore" estão aqui, mas o número de conexões é muito maior.)

Eles partem da botânica, e fazem relações com praticamente todas as outras áreas de conhecimento: o **rizoma** é grama, gramíneas, uma forma **distribuída** de vida vegetal, enquanto a **árvore** é uma forma centralizada. O **rizoma** teria ainda relações diretas com a forma tecnológica do **feltro**, um material não tramado, não tecido; enquanto a **árvore** teria relações com a trama ortogonal e controlada do tecido. Ainda, haveria dois tipos de espaços: o **espaço liso** do nômade, do rizoma, do mar e dos desertos; e o **espaço estriado**, do Estado, da árvore, das cidades e da ciência moderna (idem).

Desde a publicação desses conceitos, eles ganharam muita popularidade – em especial, após a ascensão da internet e seu serviço mais popular, a Web.

Argumenta-se que a Rede seria uma organização rizomática, descentralizada, ou mesmo distribuída; enquanto as redes de telecomunicação tradicionais, típicas da tevê, do rádio e da mídia impressa, seriam arbóreas, centralizadas e hierárquicas (LÉVY, 1998 e 1999).

Por outro lado, sabe-se que a Web e a Internet funcionam por meio de protocolos estritamente controlados, ou centralizados no *Internet Protocol* (IP). Ou seja, em um certo **nível de abstração** – da percepção que o usuário tem das transações comunicacionais entre ele e seus pares –, a Web é um grafo, um **diagrama**, distribuído, desprovido de centralidades e fiscalização hierárquica, aludindo a um universo de liberdade extrema; já em outro **nível de abstração** – dos sistemas tecnológicos de transmissão de pacotes de dados, de filtragem e formatação da informação, que estabelecem tipos viáveis (transmitidos) e inviáveis (excluídos) de informação –, a Web e a internet são um grafo centralizado, em formato radial, com um nó central dotado de controle absoluto, o nó virtual do IP, que determina as formas informacionais que podem, ou não, trafegar pela internet e pela Web (Figura 2.7).

Esse **diagrama** entendido como algo concreto e operacional, que dirige fluxos e estabelece relações de controle e dependência, é uma forma complexa, interligada entre si, e com outros diagramas, compondo um complexo de tipos de fluxo: **rizomas** podem sobrepor-se a **árvores**, e ainda em formas híbridas, misturadas.

Deleuze e Guattari nos falam que os **agenciamentos** são ações pelas quais conectamos esses diagramas concretos entre si, estabelecemos as relações de fluxo.

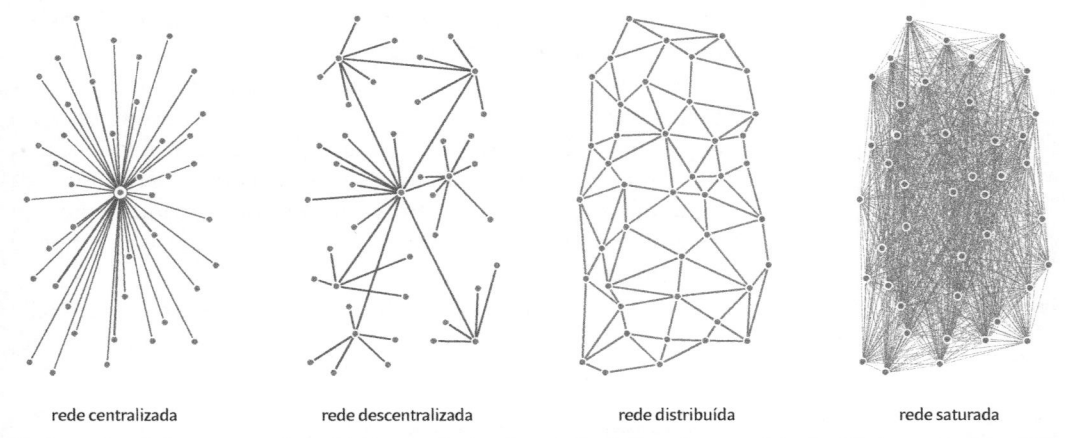

rede centralizada   rede descentralizada   rede distribuída   rede saturada

Figura 2.7 – A partir do mesmo arranjo de nódulos, exemplos de **rede centralizada** (árvore) – característica da mídia de massa tradicional (TV, rádio, periódicos etc.), de **rede descentralizada** - processo concreto de distribuição, mesmo da mídia de massa tradicional –, de **rede distribuída** (rizoma) – proposta original das redes de telecomunicação digital de Baran (BARAN, 1964) – e de **rede saturada** (cada um dos nódulos está conectado com todos os outros nódulos) – situação fisicamente impossível mas que, mesmo assim, é a sensação que os usuários de sistemas online têm da rede. (Diagramas redesenhados a partir de diagramas de Paul Baran [BARAN, 1964, p. 2] – referência fundamental para o conceito de redes distribuídas.) Concretamente, a **internet/web** é uma sobreposição destes 4 diagramas.

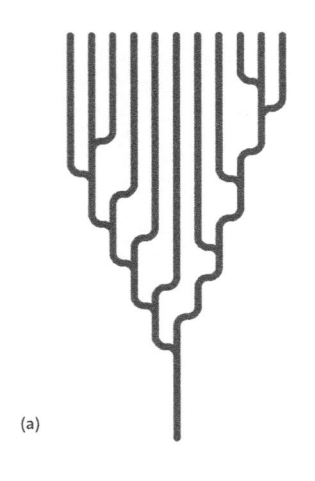

(a)

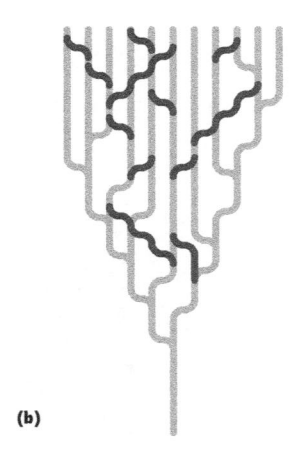

(b)

Figura 2.8 – A "árvore biológica" (a) e a "árvore cultural" (b). A primeira apenas se ramifica – os ramos que representam espécies divergem progressivamente, nunca mais se encontrando. Enquanto que, na segunda, as características das culturas podem diferenciar-se e, posteriormente, voltar a se reunir, misturar e/ ou sobrepor, em eventuais convergências. Diagrama re-desenhado a partir de Shennan (2002, p. 85).

Essa relação entre esses dois *patterns*, os diagramas centralizados, **árvores**, e distribuídos, **rizomas**, é um dos mais importantes para a compreensão e ação no mundo contemporâneo.

As ontologias estritamente formais são baseadas em taxonomias hierárquicas, ou seja, **árvores**; enquanto os sistemas de *folksonomy*, baseados em *tags* e na colaboração, são **rizomáticos**.

Alexander denunciou a tendência, já há muito ultrapassada, de se considerar que a cidade é uma "árvore", e insiste que ela imbrica, sobrepõe, múltiplas formas de organização, algumas hierárquicas e outras não hierárquicas (ALEXANDER, 1966b).

Acredita-se que a vida natural, evoluindo pela especiação, ou seja, pela diferenciação irreversível das espécies, se configura como uma **árvore**, com ramos que divergem inexoravelmente. Já, a **cultura**, teria uma estrutura mais tramada, com conexões transversais, não exatamente como um **rizoma**, mas um misto entre ambos (SHENNAN, 2002) (Figura 2.8).

Sistemas de objetos produzidos industrialmente, como sistemas de mobiliário, sistemas de informação e computação, e também de veículos e transportes, seriam inicialmente concebidos como sistemas hierárquicos e centralizados, com controle quase absoluto nas mãos do industrial que coordenou sua concepção, fabricação e distribuição. No entanto, à medida que circulam pela sociedade, tais objetos são questionados em sua função, uso, significação, fabricação, comercialização e tecnologia. E surgem inúmeros desdobramentos não estritamente controlados pelo industrial, uma organização **rizomática** que volta a dialogar com aquela **árvore** inicial.

Existem muitos e muitos *patterns* diferentes. Muitos conflitam entre si, procurando indicar a construção do mesmo objeto ou entidade, segundo modos diferentes. Ainda, existem sistemas de *patterns*, que ordenam uma coleção deles em um **meta-objeto**, o qual também pode ser conformado como um diagrama, indicando um *meta-pattern*, que, por sua vez, pode ser **rizomático** ou **arbóreo**.

E o choque, diálogo e sobreposição entre modos **centralizados** e **distribuídos** pode ser muito mais bem compreendido, questionado, analisado e ativado por meio de **diagramas**.

2.2 Pensamento assistido e máquinas

Organizar uma representação é construir um **modelo**, uma entidade que explica o funcionamento de uma realidade ou parcela dessa realidade. Já, organizar uma entidade funcional que, por sua vez, é a conjunção e conexão de muitas entidades também operacionais, é montar um **módulo funcional**. O **modelo** denomina representações abstratas, planos referenciais para o controle e construção de algo (uma abstração transponível para outras aplicações) – enquanto o **módulo**, mesmo entendido como representação (o esquema de montagem de uma peça) seria o próprio agenciamento em si (alusão a uma solução específica).

O *pattern* e os **diagramas** procuram ficar entre os dois: tanto **representação** como **funcionamento**, operação e conexão de entidades funcionais concretas.

As categorias das ontologias levantadas em **abstração** são muito mais facilmente percebidas, organizadas e operacionalizadas (utilizadas) se visualizadas como diagramas. Assim como os sistemas e suas composições em cápsulas, módulos e caixas-pretas. Na verdade, até mesmo para falar delas, já utilizamos conceitos que são, tacitamente, da topologia: ideias como de conjunto, de contenimento, maior/menor, mais amplo, mais específico etc., já são indicações de uma localização (topos) de conceitos em um **espaço abstrato** de pensamento.

Notavelmente, as formas diagramáticas de organização da informação vêm crescendo em uso, aplicações e variedade.

O *mind-mapping* ("mapa mental"), uma técnica muito popular de *brainstorming*, tem origem na terapia psicológica, e foi proposto inicialmente pelo psicólogo e educador Tony Buzan, que logo passou a utilizá-lo na educação. O *mind-mapping* é uma técnica bastante informal e ágil de livre associação. Um aspecto importante é que deve-se partir de apenas um conceito, que é posicionado no centro de uma folha de papel. A partir desse conceito, ramificam-se conceitos derivados, os quais podem ser acompanhados de ilustrações, rabiscos, pequenos textos. Esses conceitos podem também ser desdobrados, detalhados, esmiuçados em suas complexidades internas, rendendo muitas percepções e discussões. Como o *mind-map* está sempre atrelado a um conceito central, que suscita e ordena todo o diagrama, ele é uma estrutura hierárquica (Figura 2.9).

Outra técnica similar é o **mapeamento de conceitos**, proposto por Joseph Novak (NOVAK; CAÑAS, 2006) em que um grafo é montado com substantivos ocupando os nós, e as linhas de conexão são acompanhadas por um frase curta dotada de um verbo. Como os nós devem ser substantivos, coloquialmente "objetos", e as conexões são dotadas de um verbo, coloquialmente uma "ação", isso favorece que o mapa conceitual seja uma entidade mais formal e consequente que o *mind-mapping*, que mantém-se restrito ao universo da psicologia, do *brainstorming*, ao ambiente empresarial e educacional

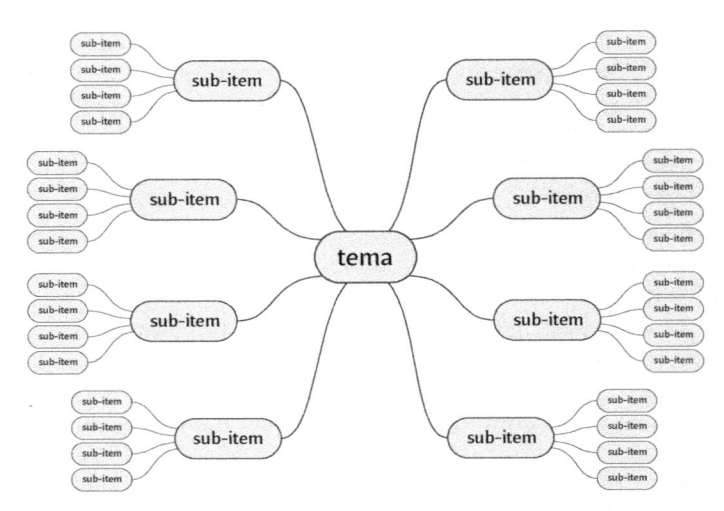

Figura 2.9 – *Mind-map*: inicia-se o processo de delineação de um *mind-map* pela colocação de um tema central, do qual serão desdobrados "sub-itens", e destes ainda outro nível de "sub-itens" componentes da questão principal levantada no "tema".

– enquanto o *concept mapping* já foi adotado pela pesquisa em sistemas complexos, planejamento e produção de conhecimento (idem). Na estrutura do *concept map*, não há um centro predeterminado e, desse modo, ela não é necessariamente hierárquica (Figura 2.10).

PERT-CPM são técnicas de planejamento, desenvolvimento e monitoramento de projetos de grande porte, operando como métodos gráficos de visualização do planejamento e execução desses projetos complexos. Tanto o *Program Evaluation and*

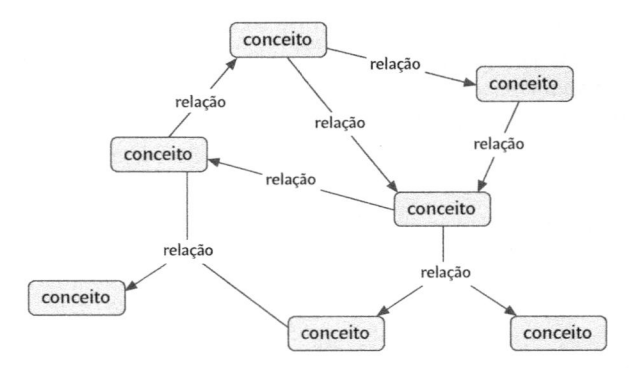

Figura 2.10 – Com Mapas de Conceitos (*concept maps*), pode-se compor uma rede de conceitos e relações que os articulam. A "relação" pode ser uma ação e/ou uma qualificação, assim como os "conceitos" podem ser objetos, pessoas, locais, componentes de um sistema, etc.

Review Technique (PERT) como o *Critical Path Method* (CPM) foram desenvolvidos sob a tutela de empresas de grande porte e do governo norte-americanos. Ambos os métodos envolvem a diagramação do fluxo de atividades de acordo com caminhos críticos, a mensuração de tempos de dependências. Os famosos e já banalizados diagramas de Gantt são elaborados para se determinar o sequenciamento e a dependência de atividades – hoje, variações das mais complexas às mais prosaicas desses diagramas povoam a miríade de cronogramas de projeto. Os três são abordagens amplamente em uso desde o início da década de 1960, e fazem parte de muitos currículos da área de engenharia. A simples existência e larga aplicação desses métodos implica a assunção explícita do *establishment* governamental e institucional de que a modelagem, o projeto, o desenvolvimento e a execução de projetos complexos dependem diretamente de técnicas de visualização em diagramas – ela não pode ser operacionalizada apenas pelo uso de técnicas verbais e/ou da representação em desenho técnico: a complexidade exige o uso de diagramas.

Essas técnicas são, todas, formas de pensamento assistido: os diagramas operam de maneira reflexiva em relação à mente, estendendo a capacidade de memorização e reconhecimento de "padrões" (*pattern recognition*) – conceitos complexos, dotados de numerosos componentes tornam-se mais acessíveis, assumindo um padrão visualmente apreensível, mais acessível à percepção e à memória. A forma **gráfica** dos diagramas é uma poderosa técnica mnemônica, de rememoração de arranjos e configurações, que ordenam um conjunto muitíssimo extenso de informações, sem que a leitura dos eventuais grupos de texto seja necessária a todo momento – os significados das regiões, nódulos e conexões são memorizados e operacionalizados, mesmo que o conteúdo textual de cada nódulo não compareça a todo momento à cognição do operador – designer, gerente ou operário.

Por outro lado, o diagrama também pode ser compreendido além de sua acepção mais aceita como **representação** e ser construído e operado como **máquina**.

Desde a década de 1960, procuram-se por meios do que chamo, por falta de uma denominação mais comum ou precisa, de **programação diagramática**, que consiste em programar computadores sem a operação ou uso da sintaxe textual típica das linguagens de programação: a programação seria realizada pela disposição de "caixas" e conexões entre elas; cada caixa pode representar desde um comando, até uma variável, uma ação ou dispositivo, e as conexões também têm significado e operação muito variada. A proposta, e justificativa para o desenvolvimento dessas linguagens gráficas de programação, como o Visual Basic, é que o programador ou analista de sistemas se concentre na **modelagem** do sistema, trabalhando em um **nível de abstração** muito alto, e que os níveis mais baixos sejam produzidos pelo computador de maneira semiautomatizada, tendo o diagrama como sua referência.

Mais recentemente, uma linguagem visual de programação de uso e aplicação geral foi desenvolvida a partir de muitas iniciativas em diversas áreas, desde a computação até as finanças, passando pela automação industrial e pela governança. Seu nome e sigla é UML, a *unified modeling language*, e sua proposta é que sirva como linguagem amplamente utilizada para a modelagem de processos – estes podem ser programas de computador, os processos de produção em uma fábrica, o modelo de fluxo de receita em uma empresa, dentre tantas outras aplicações (STURM, 1999).

Essas linguagens semiautomatizadas de modelagem e programação superam o funcionamento do diagrama como mera representação de fluxos, conexões e dependências: elas geram entidades, os **diagramas**, que são efetivamente controladores de outros processos – ou seja, mesmo que surjam como representação, os diagramas podem tornar-se máquinas, sistemas que concretamente operam como entidades ativas. E, mesmo que se esteja falando dos diagramas como representação, como no caso do **pensamento assistido**, eles acabam por nortear mais diretamente as ações de quem os tomam como referências diretas de ação do que outras formas menos **conectivas** de representação, como o texto, a comunicação verbal e a imagem figurativa.

A história do hipertexto (*hypertext*) é longa e tortuosa: desde sua origem com Vannevar Bush (BUSH, 1945), passando por Ted Nelson (NELSON, 1990), Bill Atkinson e sua conversão no serviço mais popular da internet por Tim Berners-Lee (CONNOLLY, 2000), essa história pode ser resumida como o esforço de reconfigurar o texto, e suas múltiplas conexões, fazendo com que ele se aproxime mais de um modo diagramático, e **rizomático**, de ordenamento e conexão da informação, e menos uma forma unilinear, similar a um tecido e à forma **arbórea**. Mas um aspecto importantíssimo desse processo de promoção do hipertexto à forma predominante de cultura escrita no mundo contemporâneo é que ele passa a imbricar as funções de representação e operacionalidade em uma mesma entidade funcional: o hipertexto tanto é uma forma de comunicação, como também uma forma de operação, de construção do texto e de sua circulação pela sociedade.

O desdobramento do hipertexto em **hipermídia**, que ocorreu fundamentalmente por causa da popularização da Web, determina a pulverização dos modos comunicacionais em uma multiplicidade de meios e modalidades.

Os sistemas interativos são, em geral, concebidos primariamente como diagrama, apenas para, depois, serem transformados em código, texto e imagem figurativa. Dispositivos e procedimentos diagramáticos predominam nesse campo de design, como os **mapas de navegação**, que indicam as conexões entre as páginas de Web, ou entre os estados de um sistema interativo – mediante o *click* ou outra ação –, os estudos de *layout* ou disposição gráfica em **interfaces** também são compostos como um diagrama de entidades disputando pelo escasso espaço visual. O próprio processo de produção e teste das interfaces se faz por meio de múltiplas operações diagramáticas (SNYDER, 2003).

Com a ascensão da chamada **computação ubíqua** (Ubicomp), o próprio ambiente urbano se converte em espaço de disputa na composição dos meios de interação computacionais. Se a Cidade já era compreendida como **diagrama**, ela tende a ser operada como uma composição topológica de complexidade crescente.

Os diagramas são objetos de aplicação mais ampla do que o texto ou a imagem figurativa; e estão assumindo papéis cada vez mais comuns no projeto, desde a informática, até a gestão empresarial, passando pelas artes e pelo urbanismo. Eles permitem, ainda, a identificação de processos recorrentes, tipologias e aglutinações – envolvendo elementos tecnológicos, ambientais e sociais.

3

Procedimentos

3.1 Fórmulas e procedimentos

Em muitas das acepções do termo **Metadesign** mencionadas na introdução, existe a conotação de "afastamento" entre o designer e o objeto projetado, em um processo que Varkki George chama de *second order design* – em uma "segunda ordem" de afastamento. Ainda, Van Onck nos diz que o Metadesigner projeta não necessariamente o objeto final, mas sim um objeto intermediário, o qual torna-se referência, máquina, mecanismo ou procedimento que, por sua vez, realiza o objeto de projeto. No urbanismo de George, essa entidade é o "ambiente de decisões", a prosaica legislação urbana. Nos exemplos de Van Onck, há a meta-cadeira de Rietveld ou o meta-edifício de Gaudi. E me parece que o MetaFont de Knuth é um ótimo exemplo computacional ligado diretamente ao Design Gráfico.

Em todos esses casos, o objeto "intermediário" criado é uma coleção de objetos abstratos – podendo ser instruções e regras declaradas em alguma notação formal – como no caso do MetaFont (linguagem de programação) e na legislação urbana (linguagem jurídica) – ou em alguma forma aproximada de declarações ou **agenciamentos** não necessariamente formais e/ou estritamente lógicos – como no meta-edifício de Gaudi (sistema de plataforma invertida e correntes em catenária), e na ampliação que Rietveldfaz das funções do desenho técnico para abarcar a descrição de uma meta-cadeira de conformação final variável (VAN ONCK, 1965).

De maneira geral, trata-se de **procedimentos**, indicações e norteamentos; ou então **fórmulas**, formulários, regras e determinações. Um paralelo prosaico poderia ser feito com a **receita** culinária, farmacêutica ou química – em que uma sequência de procedimentos define a criação de alguma entidade. Do mesmo modo, isso é também algo prosaico na programação de computadores: declaração de instruções em uma linguagem artificial, que pode envolver uma sequência específica e fixa de ações, ou que pode ser acionada de múltiplas maneiras, de acordo com procedimentos descritos nas próprias instruções.

Essa abordagem procedimental de criação também existe nas artes plásticas: entre 1967 e 1968, o escultor Richard Serra descreve procedimentos que limitam e controlam sua ação de criação – Serra trabalha com ações, como "cortar", "dobrar", "soldar" etc. que combina em sequências que acabam por nomear suas peças (KRAUSS, 2001). Adrian Piper define "meta-arte" como um procedimento afinado à arte conceitual, apontando para a atividade da meta-arte como uma ação válida de criação e crítica, como conhecimento e entendimento (PIPER, 2000). Da mesma maneira, Arthur Matuck define que a Meta-Arte determina "diretrizes que orientam, predeterminam, delimitam a realização da obra" (MATUCK, 2002). E mesmo antes, desde os surrealistas e dadaístas, **procedimentos** são trabalhados como formas norteadoras do processo criativo. Mesmo na Arte, o termo **meta** tende a indicar essa ação **procedimental**, de propor processos e/ou campos de ação delimitados como já uma ação criativa.

Métodos, metodologia e Metadesign

Muito se fala de metodologia de projeto em design, em muitos casos com alguma pretensão de aproximação definitiva com o método científico (VASSÃO, 2007a). Mas, muito pouco dessa pretensão conduz a métodos efetivamente científicos: muito do conhecimento procedimental em *Design* e Arquitetura é de teor *ad hoc*, heurístico, sujeito a um processo laborioso de maturação. A isso atesta uma análise minuciosa da bibliografia da área, como na obra de Munari (1998), Papanek (2000), Bonsiepe (1978 e 1997) e Maldonado (1999).

Em vez de considerar essa característica *ad hoc* como um dado de inferioridade do design, creio que isso atesta a **independência epistemológica** da área – o design não é necessariamente científico, mas pode estabelecer diálogos muito fecundos com a ciência.

A etimologia da palavra "método" indica uma origem muito próxima ao **Metadesign**: seu prefixo "meta-" se refere ao mesmo significado do movimento de transposição e "-hodos" significa "caminho", também em grego. Assim como a palavra "meta" indica um objetivo a ser alcançado, da mesma etimologia ligada à noção teleológica de transposição, de um ponto a outro, previsto à distância o no futuro – a própria ação do **Projeto**, "projetar", lançar à distância.

O **Metadesign** poderia ser visto como o estudo dos **métodos**. Mas essa é uma área de conhecimento já muito bem estabelecida e desenvolvida, a **metodologia**. E ela não tem por objeto os processos de design, mas sim os da filosofia e/ou os da ciência, da produção de conhecimento (ABBAGNANO, 1998). O **Metadesign** poderia, ainda segundo essa noção derivada da sua própria etimologia e do **método**, ser compreendido como **metodologia de projeto**, o estudo dos métodos de projeto, expressão comumente utilizada, de maneira um tanto confusa, no lugar da expressão mais restrita **método** *de* **projeto**, no singular, como um método específico. Mas, também aí, há uma diferença: tanto o método de projeto, como a metodologia de projeto consistem em processos específicos (método) ou no estudo e proposta desses processos (metodologia) – o **Metadesign** trata de um campo mais amplo, do qual faria parte tanto o conjunto dos métodos como seu estudo, a metodologia.

No entanto, é importante frisar que o **Metadesign** não é, em si, um método ou uma metodologia, mas compreende uma relação não totalizante com eles: isso quer dizer que ele não tenta reduzi-los a uma parte menor de sua ação, mas sim que ele estabelece, ou pode estabelecer um diálogo com os múltiplos e variados métodos com os quais se faz projetos, ciência, filosofia etc.

Como parte das atividades do **Metadesign**, o designer pode, como atividade criativa, propor procedimentos mais ou menos formais, que podem ser testados e desenvolvidos ao longo de sua carreira. Ele pode encarar essa proposição segundo o ponto de vista das ciências, e procurar por uma aproximação com o método científico – o que é atividade de boa parte das pesquisas em pós-graduação em Design, Arquitetura e Urbanismo –, ou pode procurar por procedimentos menos afeitos a métodos no sentido estrito do termo, e mais próximo ao sentido de "coleção de procedimentos" em um regime experimental.

Algoritmos e processos

Atualmente, existe uma tendência em Design, Arquitetura e Arte que envolve a programação de computadores como forma de expressão. Fala-se de *Software Art*, ou de *Design by numbers* (título de obra de John Maeda, programador e designer gráfico). São muitas as vertentes dessa tendência. Mas o que há de comum entre elas é a compreensão do processo computacional como um intermediário **procedimental** para a criação de entidades – em geral, a criação de um programa completo (como na linguagem *Processing*, por exemplo, particularmente adequada para a expressão em meios visuais, sonoros e/ou interativos), ou da declaração de instruções isoladas em pacotes de software que permitem essa operação – como muitos pacotes de CAD (como o Rhinoceros ou o Vectorworks), programas de ilustração vetorial (como o Illustrator) ou imagem *raster* (como o Photoshop).

As denominações variam, mesmo que fundamentalmente falem do mesmo universo: *Procedural Design* (*Design* Procedimental), *Procedural Architeture* (Arquitetura Procedimental), *Procedural Art*, assim por diante; ou ainda fala-se de *Algorithmic Architecture, Design*, ou *Art* – aludindo-se à palavra "algoritmo", da Matemática.

Algoritmos são peças fundamentais da lógica computacional – são dispositivos abstratos que desempenham tarefas lógicas. Existe uma paridade funcional e lógica entre o que é computável, ou seja, pode ser processado por um computador, e aquilo que pode ser compreendido como um algoritmo (BRANQUINHO *et al.*, 2006). Efetivamente, a programação de computadores se confunde com elaboração, desenvolvimento e testes de um algoritmo, e tanto mais formal será o procedimento do programador quanto mais aproximar-se do procedimento matemático da demonstração teoremática da solução de um problema, também declarado matematicamente (DIJKSTRA, 1988).

A noção de algoritmo é de muita fecundidade no mundo contemporâneo. Em geral, as noções que se derivam dele, mas não dizem respeito diretamente à Matemática ou à Computação, entendem o algoritmo como **máquina** – para horror dos matemáticos e programadores de alinhamento formalista (idem). No entanto, essa noção "maquinal" do algoritmo é, concretamente, muito aplicável, principalmente se adotarmos uma perspectiva intuitiva ou ingênua, sendo que o algoritmo se presta a essas abordagens (BRANQUINHO, 2006). É possível elaborar tratamentos formais, ou para-formais, de mecanismos – como motores, guindastes etc. – assim como de processos biológicos – como a troca de química em ecossistemas ou no metabolismo de um ser vivo –, sendo que esses processos são convertidos em algoritmos que possam ser quantificados e computados.

Boa parte dos esforços de automação envolvem exatamente a abstração dos problemas de produção, a partir de princípios derivados de práticas produtivas (ou seja, por meio da heurística) por um lado, ou pela formalização (via tratamento matemático, algorítmico), por outro, de maneira que se crie um estrato adicional de abstração – um "meta-estrato" –, no qual as questões são colocadas e resolvidas; reduzindo, dessa maneira, a necessidade de envolvimento de um operador humano – ou seja, automatizando o processo em questão. Existe uma relação direta entre **abstrair**, **virtualizar** e **automatizar** (LÉVY, 1998).

O que alguns designers, artistas e arquitetos fizeram foi apropriar-se de conceitos relacionados a esse rico e variado campo tecnológico e matemático, incorporando alguns de seus componentes ao seu processo criativo (TERZIDIS, 2006). Exemplos dessa atividade algorítmica, ou **procedimental**, em arquitetura são John Frazer – que aborda a possibilidade da programação evolutiva, em arquitetura –, Skylar Tibbits, Mark Fornes– ligados ao coletivo *theverymany*, que explora as possibilidades de variabilidade da forma plástica derivada da programação.

Essa abordagem **gerativa**, algorítmica ou **procedimental**, procura por uma produção indireta, que se faz por meio do estabelecimento de instruções, e a conversão destas em entidades visuais, sonoras, espaciais, plásticas, escultóricas, dentre outras. Certamente, essa abordagem envolve a verificação das entidades realizadas, ou seja, aquelas que são o objeto "final" da empreitada do artista, designer ou arquiteto. E é o circuito acelerado que envolve a elaboração do algoritmo ou a programação e a verificação de seus resultados que caracteriza a criação indireta em arte e arquitetura algorítmica.

3.2 Espaços de possibilidades e máquinas abstratas

Certamente, o exemplo inicial de um projeto em Metadesign, o programa *MetaFont*, de Donald Knuth, é um objeto algorítimico.

E mesmo Van Onck alude a essa atividade criativa derivada da matemática, quando fala do design tirando proveito da "combinatória": das possibilidades de explorar múltiplas variantes de um mesmo "meta-objeto", enquanto altera-se suas condicionantes "pré-programadas".

Um paralelo que pode ser feito é com as **regras de um jogo** – mais uma expansão dos conceitos de **procedimentos**, **fórmulas**, **programas** e **algoritmos** –, como em um jogo de baralho, ou de um esporte, como o futebol: as regras de um jogo, como o *poker*, ou buraco, determinam, até certo ponto, os tipos de possibilidades de jogada, de arranjos entre as cartas do baralho. Se as regras forem alteradas, os tipos de jogadas também o serão. O mesmo se aplica à composição das "regras" que organizam o processo de projeto: se o "ambiente de decisões" em urbanismo de Varkki George for alterado, incluindo-se novas regras, excluindo-se outras, ou ainda com o "ajuste fino" das regras existentes, outros resultados de projeto serão possíveis.

Um dos métodos mais comuns em Computação Gráfica (CG) é denominado *Database Amplification* ("amplificação de banco de dados"). O conceito é relativamente simples: Os programadores e artistas que trabalham na produção de uma peça em CG querem criar uma cena de extrema complexidade, como uma floresta, por exemplo. A determinação da posição, conformação, cor, direção etc., de todas as entidades presentes em uma floresta consumiria tempo e recursos humanos em uma escala proibitiva. A saída encontrada foi criar a descrição simplificada, abstrata, dessa cena – a posição dos troncos das árvores, regiões mais ou menos ocupadas pelos diferentes tipos de vegetação, indicações da topografia – compondo um banco de dados muitíssimo pequeno. Ele seria tomado como a informação inicial por um programa cuja tarefa seria desdobrar, a partir das poucas descrições existentes, a descrição completa da floresta – no final do processo, teríamos uma cena em que, na localização de cada árvore haveria todas as entidades que compõem a "árvore", do tronco aos galhos e folhas, o mesmo para cada outro elemento da descrição inicial, topografia e vegetação.

Essa técnica foi proposta pelos programadores da divisão de computação gráfica da produtora de cinema Lucasfilm, ainda na década de 1980 – que posteriormente se tornaria uma empresa independente chamada Pixar – e utilizada em filmes de curta metragem como *André and Wally B.* (FRIEDHOFF; BENZON, 1989). Pode-se dizer que os programadores criaram uma "meta-floresta", que pode se desdobrar em inúmeras florestas diferentes, dependendo do modo como estão ajustados os procedimentos inclusos nos programas de construção das árvores, do terreno e da vegetação rasteira.

Abordagens muito similares são adotadas em muitas áreas ligadas a computação, desde a composição dos famosos **fractais**, (Figura 3.1) até a criação de formas vegetais muito parecidas com os espécimes reais. Um grupo de botânicos e programadores canadenses, o *Algorithmic Botany*, utiliza um conjunto de procedimentos algorítmicos para a criação de objetos virtuais, similares a vegetais, a partir dos chamados L-Systems ("sistemas-L", em homenagem e Aristid Lindenmeyer, botânico pioneiro na relação entre formas vivas e a Matemática). As figuras criadas pelo grupo são de extremo realismo, e são utilizadas como anteparo matemático para o estudo do crescimento, da fisiologia e da distribuição na paisagem de vegetais (PALUBICKI *et al.*, 2009).

Ou seja, manipular a composição dos **procedimentos** é tanto um processo criativo quanto a manipulação direta dos objetos finais de projeto. Tanto Gaudi, como Rietveld, Knuth, e também Serra, Maeda, Fornes e Frazer, manipulam a composição de seus "meta-objetos" para que os resultados se tornem mais interessantes. Esses artistas, arquitetos e designers estão manipulando as condicionantes de um **espaço de possibilidades,** um espaço abstrato que é engendrado, agenciado e condicionado pelas regras, procedimentos, fórmulas ou algoritmos que manipulam.

Figura 3.1 – Fractal composto por tetraedros: imagem realizada pela acumulação de peças idênticas de tamanhos progressivamente menores, a cada "iteração". Esta imagem é produto de uma sequência de instruções, seguindo um procedimento formal; ela foi "gerada" e não "desenhada".

Segundo uma noção tradicional e estabelecida de **projeto**, esse **espaço de possibilidades** é absolutamente determinístico. Ou seja, mesmo que os resultados desses **procedimentos** sejam muitíssimo variados, em uma tipologia de extrema complexidade, eles são ainda **previsíveis**, como que determinados pelas **regras** que foram estabelecidas. Veremos no próximo capítulo que essa previsibilidade, esse determinismo, não é tão possível assim. Por enquanto, basta perceber a criação dessas entidades intermediárias de projeto como agenciadoras de uma tremenda complexidade que não precisa ser prevista de início – ela é uma função da operacionalização dos condicionantes de projeto, da composição daquilo que **existe**, de suas **conexões**, e de suas **regras** de composição e operação.

A criação, manipulação e ajuste destas **máquinas abstratas** pode ser uma atividade muito fecunda, em Design, Arquitetura, Urbanismo e nas Artes. Elas são abstratas não porque representam outra coisa, são simulações ou aproximações simbólicas de outra realidade – mas, sim, porque se conectam entre si, agenciam realidade. Elas alteram o modo como as coisas concretas se influenciam.

Uma noção filosófica e científica muito importante para a contemporaneidade é do conhecimento **axiomático**: todo conhecimento **formal** é derivado de axiomas, regras fundamentais que são tomadas como autoevidentes, mas que são autocoerentes e que redundam em um campo de derivações também coerentes (ABBAGNANO, 1998). Em matemática, o caso mais famoso, e antigo, está nos postulados da geometria euclidiana: alterar as regras implica alterar o tipo de **espaço** que passa a existir – como é o caso das chamadas geometrias não euclidianas, que decorrem da alteração de apenas o 5º postulado de Euclides (MLODINOW, 2004).

Que tipo de **espaço urbano** surgiria a partir da alteração das categorias que utilizamos para compreendê-lo – como a de transporte de massa e/ou coletivo, de habitação, de distribuição (concentração ou dispersão) geográfica? Construir e manipular as categorias de uma taxonomia é também montar e ajustar uma **máquina abstrata**, que pode desdobrar-se em múltiplas possibilidades projetuais.

O projeto *Pocket Car*, citado anteriormente, consiste em um veículo urbano de uso individual, ou por duplas, que parte exatamente de uma reconfiguração das categorias que descrevem o ambiente urbano. Nesse caso, nossa proposta foi repensar **o que** é um veículo de uso individual: para o *establishment* do planejamento urbano – da Sempla ao CET, no caso da cidade de São Paulo – "transporte individual" é sinônimo do automóvel movido a motor de combustão interna, de cinco lugares, bagageiro e com massa de, aproximadadamente, uma tonelada. O *Pocket Car* seria um veículo baseado no repertório tecnológico dos "veículos a tração humana", como bicicletas e triciclos movidos a pedal, criando uma "arquitetura de produto" que incorpora rodas-motor elétricas, carenagem e chassis leve, e de acessibilidade universal. Ao alterar esse componente fundamental da mobilidade urbana, nossa proposta é reconfigurar a série de processos decorrentes da integração entre transporte individual e coletivo/de massa. Com a adoção maciça de veículos baseados na arquitetura de produto do *Pocket Car*, as características que são compreendidas como intrínsecas às ruas – a onipresente poluição sonora e atmosférica, a impositiva agressividade dos veículos movidos a motor de combustão interna – desapareceriam, abrindo espaço para a recuperação do espaço público das cidades – que passaram por um gradual esvaziamento durante o último século. Em relação à "arquitetura de produto", o *Pocket Car* não é um veículo específico, ele é um "meta-veículo", uma coleção de indicações e regras de composição que norteariam o desenvolvimento do produto (Figura 3.2).

Máquinas abstratas podem ser meta-cadeiras, meta-edifícios, meta-fontes, meta-veículos, meta-florestas, meta-cidades, meta-objetos, ou mesmo meta-espaços – dentre tantos outros agenciamentos que conectam tecnologia, sociedade, cultura, percepção e cognição. Sua conformação não é absoluta ou definitiva – as máquinas abstratas dependem de **quem** as cria, e em que **contexto** são criadas. E seu funcionamento e consequências sequer são determinísticos, como veremos no próximo capítulo.

Regras e Procedimentos aparentam ser modos comportados de criar-se uma realidade: quando são, potencialmente, modos de criar complexidade muito além do esperado.

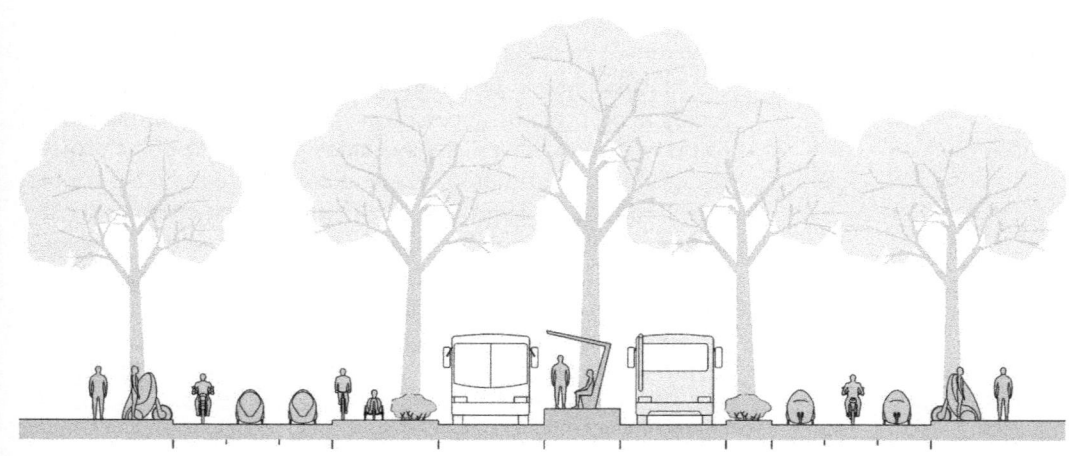

Figura 3.2 – Projeto Pocket Car, corte transversal de via urbana arterial: a alteração de uma das peças fundamentais do ambiente urbano contemporâneo, o veículo de uso individual, convertendo-o em um objeto compacto e de baixo impacto ambiental, permitiria que a forma de ocupação e utilização das vias públicas também fosse alterada. Desapareceria o tráfego pesado, e a rua voltaria a ser espaço do pedestre.

4

Emergência

4.1 Agenciamento do complexo e "o que é 'projetável'?"

Não existe o controle absoluto do processo de projeto, muito menos de seus resultados.

Se, nos capítulos anteriores discuti **Quais são**, **Como estão conectados**, e **Como funcionam** os objetos do **Metadesign**, neste capítulo discuto **quais são as consequências do projeto em Metadesign**. E, a partir disso, quais as possíveis modalidades de projeto frente à procura do determinismo de suas consequências; ou seu oposto, o abandono do controle estrito das consequências e resultados do projeto.

Esse é um tema difícil e controverso, exatamente porque toca aquilo que se considera fundamental do processo de **projeto**: o controle sobre os resultados das intenções projetuais – "projetar" seria "determinar um futuro", em geral, por meio do domínio das técnicas e da tecnologia, ou seja, pelo conhecimento atualmente derivado da ciência e da tecno-ciência. No entanto, exponho a seguir alguns conceitos oriundos das ciências exatas e dos estudos da comunicação que afrontam exatamente as crenças de que é possível o controle estrito sobre o projeto – a crença de que é possível um "projeto determinístico" em design.

Mas isso não indicará que não é possível o exercício da capacidade de projeto – apenas que os meios e caminhos, assim como os objetos, devem ser ajustados para que se possa projetar segundo o entendimento de que a complexidade pode ser tratada como **objeto de projeto**, que é interessante operar-se o Metadesign. E, mesmo aí, há controvérsia sobre como deve-se proceder: procurar pela permanência do controle, reconfigurado para abarcar a imprevisibilidade dos meios, ou seu abandono, ou pelo menos relativização, procurando por meios de envolvimento de outras lógicas sociais e culturais de criatividade.

Vida artificial e auto-organização

Existem muitas aproximações, diálogos e flertes entre a Biologia e a Tecnologia, em especial por meio de conceitos avançados em Matemática.

Iniciando-se com propostas do matemático John Von Neumann, ainda durante a década de 1940, há um tema bastante recorrente nesse campo: os chamados "autômatos celulares". São matrizes ortogonais compostas por quadrados, denominados "células", que podem assumir dois, ou mais, estados diferentes – os mais comuns são os autômatos celulares de dois estados (ligado ou desligado). Eles podem ainda ser, ou não, simulados/controlados por um computador – mas, em todos os casos, a alteração do estado de "ligado" para "desligado", ou vice-versa, é determinada por um conjunto **compacto** de regras. Essas regras são utilizadas para determinar o estado em que o conjunto de células estará de **geração em geração**, ou seja, de um estado para outro do sistema de células. Von Neumann utilizou esse tipo de artefato como uma representação de **formas vivas**, acreditando ser possível não apenas a simulação, mas a própria construção de seres vivos artificiais (LEVY, 1993).

No início da década de 1970, John Conway também matemático, cria o *Game of Life*, um autômato celular composto por apenas quatro regras simples e que foi implementado inicialmente não em um computador, mas manualmente pelo próprio matemático e colegas em uma plataforma composta por diversos tabuleiros de xadrez conectados pelas bordas. O que torna o *Life* digno de nota é que diversos *patterns* – que, nesse caso, são conjuntos específicos de células ligadas e desligadas – resultam em sequências de transformações que, aparentemente, se **autorregeneram**; como o chamado "planador" (*glider*), em que, após quatro gerações, o mesmo *pattern* reaparece deslocado em algumas células (Figura 4.1). Do ponto de vista estatístico, isso não deveria ocorrer: a repetição de um *pattern* deveria requerer um número de gerações muitíssimo maior, na ordem de milhões, e não de apenas quatro. As versões subsequentes do jogo foram implementadas em computadores, permitindo a exploração de uma infinidade de *patterns* de comportamento recorrente, repetitivo e autorregenerador (Idem).

O *Life* demonstrou que é possível que computadores apresentem comportamento que anteriormente seriam apenas atribuídos a seres vivos, e contribuiu decisivamente para suscitar uma nova área de conhecimento, a **vida artificial** (*artificial life*). Para muitos, essa é uma contradição intrínseca: a **vida** sempre foi identificada com o que é **natural**, em oposição ao que é criado pelo homem, aquilo que é **artificial**. No entanto, muitos acreditam que, se não estão criando seres vivos no computador, estão simulando-os muito bem (idem).

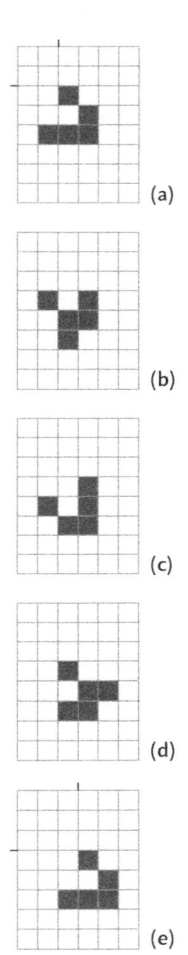

(a)

(b)

(c)

(d)

(e)

Figura 4.1 – *Game of Life*: sequência de gerações sucessivas do pattern denominado *glider* (planador). Na primeira geração (a) está o *pattern* de células ativadas característico do *glider*. Nas gerações seguintes (b, c, d) o *pattern* se altera, chegando a assumir o mesmo formato original, mas refletido (c). Na quinta geração (e), o mesmo *pattern* inicial volta a aparecer, deslocado uma célula para a direita e uma para baixo.

A partir de meados da década de 1960 até fins da década de 1990, avida artificial apresentou uma série de achados em dois campos diferentes, na biologia e na computação. E foi gradualmente organizada em um conjunto de teorias e propostas a respeito de como a vida pode ser compreendida a partir da Matemática.

Desde a simulação de ecossistemas, até a análise da organização de formas sociais naturais complexas, como formigueiros, e também padrões de conexão neurológicos, as teorias e propostas da vida artificial envolvem muitos campos diferentes e, principalmente, uma enorme variedade de atitudes frente ao estatuto do seu objeto de estudo: alguns acreditam que se está criando vida em computadores, outros que se está conseguindo modelizar detalhadamente os procedimentos fundamentais da emergência da vida, e outros, ainda, consideram que pode-se estar descrevendo apenas oportunamente algumas das características com que a vida é reconhecida e que tais descrições poderiam redundar em intervenções menos invasivas, mais afeitas a uma lógica ecológica de ação (LEVY, 1993; JOHNSON, 2003; KAUFFMAN, 2000; RESNICK, 1997).

De qualquer maneira, a aplicação dos conceitos advindos da vida artificial ao Metadesign está concentrada em uma característica muitíssimo importante: **emergência**.

Por **emergência**, entende-se aquilo que "emerge", ou seja, "aparece sem aviso". No sentido corriqueiro da palavra, indica situações urgentes que exigem atenção imediata. Mas, em um sentido rigoroso ligado aos estudos de sistemas e cibernética, indica todo tipo de característica ou comportamento que **emerge** sem que tenha sido previsto, proposto ou sequer imaginado quando o sistema, que apresenta tais características, foi criado ou implementado. Em especial, a característica emergente mais destacada é a capacidade de **auto-organização**, ou seja, a capacidade de um sistema tornar-se **mais organizado** com o passar do tempo. Essa é uma característica tradicionalmente associada com seres vivos, pois escapam da chamada "segunda lei da termodinâmica", que postula que todo o universo tende à entropia, a um estado desorganizado. Como a **vida** é capaz de se auto-organizar, envolvendo a estabilização de metabolismos, a regeneração dos tecidos, a reprodução e a evolução, ela opera como uma "ilha de organização", em meio a um mar de entidades que tornam-se gradualmente menos organizadas. Em termos energéticos, a vida acumula energia em composições com alto nível de energia potencial e, portanto, considerados instáveis, enquanto os objetos inanimados tendem a estados de baixa energia, considerados mais estáveis pela ciência.

Warren Weaver, matemático associado à Teoria da Informação, propôs uma classificação dos muitos tipos de sistemas em três grandes grupos (WEAVER, 1948 e 1963). Apresento-os a seguir, com alguns acréscimos meus, já dialogando com o Metadesign:

(1) **Sistemas Simples** – motores, plantas termelétricas, alavancas, mecanismos simples, "máquinas mecânicas", sistemas **deterministas**, com poucas variáveis; são sistemas cujo comportamento pode ser previsto pela matemática com pequena, ou nenhuma, margem de erro. Esse é o domínio "desejável" para a maioria da ciência tradicional e para a tecnologia, pois está em um campo que pode ser controlado e **determinado**, ou seja, de funcionamento e operação previsível.

(2) **Sistemas Complexos Desorganizados** – sistemas que podem ser tratados pela **estatística** e pela **probabilidade**, como a dispersão de um gás, o chamado movimento "browniano"; são sistemas de grande complexidade, incompreensíveis em sua microescala – por exemplo, o movimento extremamente complexo das inúmeras partículas de gás em um êmbolo sob pressão. Esse é o domínio da ciência estatística, em que ainda existe previsibilidadede comportamentos ou estados, considerando-se a tendência mais provável que será seguida pelo sistema em questão – por exemplo, pode-se prever uma relação entre a pressão e a temperatura do gás sob pressão em um êmbolo.

(3) **Sistemas Complexos Organizados** – seres vivos, cidades, economia, sistemas caóticos, "máquinas abstratas"; são sistemas de grande complexidade, mas que, ainda assim, demonstram características organizadas em diversas escalas diferentes e sobrepostas. Até meados do século XX, sua existência sequer era reconhecida pela ciência, e seu comportamento pode ser totalmente imprevisível, mesmo que, *a posteriori*, possam ser identificados os caminhos e conexões que levaram aos percursos do sistema em questão.

Weaver questiona os limites do que pode ser conhecido pela ciência, e diz que os sistemas que classifica como Complexos Organizados seriam a ponta de lança do desenvolvimento científico dos anos seguintes. Além disso o computador seria a ferramenta principal no desenvolvimento de teorias e modelos a respeito desse tipo de sistema (idem). Efetivamente, o computador desempenhou papel fundamental para o desenvolvimento da ciência da complexidade, pois foi com ele que se pôde operar as muitas interações necessárias para que se pudessem perceber as ditas **propriedades** ou **características emergentes** (JOHNSON, 2003; LEVY, 1993).

A complexidade dos sistemas dotados de propriedades emergentes pode variar muito, mas, em geral, a sua constituição fundamental pode ser muitíssimo simples. As regras do *Life* são apenas quatro, assim como o comportamento global de um formigueiro depende apenas de poucos comportamentos simples de cada formiga isolada – é o acúmulo de muitas interações que gera a complexidade percebida na larga escala do sistema.

Em outras palavras: **poucos elementos e regras acumulando múltiplas interações podem levar a uma grande complexidade**. A partir de certo número de interações, não há mais um simples aumento numérico, mas há uma **mudança de estado ou de funcionamento no sistema**. E, em geral, essas mudanças envolvem a auto-organização.

Muitos pesquisadores e urbanistas consideram que as grandes cidades contemporâneas são **Sistemas Complexos Organizados**, com um nível de complexidade que certamente não é fruto de um projeto específico e detalhado de cada um de seus elementos constituintes, mas sim resultado de uma imensa quantidade de interações em um regime não centralizado, mas distribuído. Muito do que se observa na composição do tecido urbano redunda de comportamentos relativamente localizados, ou seja, concentrados em regiões de alcance bastante pequeno, se comparadas à escala urbana e geográfica da cidade (JACOBS, 2007; JOHNSON, 2003). O mencionado "ambiente de decisões" de Varkki George, a legislação urbana e o zoneamento, seriam apenas mais um dos itens que participam dessa complexa interação que constrói o ambiente urbano contemporâneo.

Mencionei no último capítulo que a atividade do Metadesign pode ser compreendida com a montagem e ajuste de **máquinas abstratas**, e parte desse ajuste está em observar as consequências da operação do aparato proposto. O que estou levantando neste capítulo é que, a partir de certo número de interações, existe uma forte tendência de que essas consequências sejam de teor imprevisível e auto-organizado, ou seja, **propriedades emergentes**. Que número de interações é esse, e a partir de que ponto as características de auto-organização começam a manifestar-se, são questões que variam radicalmente de contexto em contexto,em especial, se esse contexto não for o estritamente de laboratório ou da simulação de computador, mas o contexto sociocultural.

Consequências imprevistas das tecnologias e inovações

Uma leitura interessante e fecunda das tecnologias é aquela característica da chamada escola canadense de comunicação e mídias. Certamente, seu maior expoente foi Marshall McLuhan, que utilizava o conceito lançado por H.A.Innis de *bias*, "desvio" ou "filtro", das mídias – o qual também aplica-se às tecnologias, de maneira geral – que consiste em reconhecer que o uso prolongado de uma tecnologia, ferramenta ou meio de comunicação **conforma a sensibilidade** do usuário de maneira que este não percebe mais a interferência (*bias*) que se impõe, passando a considerá-la parte integral do próprio ambiente em que vive. Esse conceito foi sumarizado por McLuhan na máxima "o meio é a mensagem" – ele aludia a como não importa muito o conteúdo ("a mensagem", em seu sentido tradicional), mas que as próprias características do meio de comunicação treinam nossa percepção, chegando a distorcê-la em um certo sentido, o seu *bias* (KUHNS, 1971; MCLUHAN, 1969).

Esse conceito é crucial porque o *bias* é, segundo McLuhan e Innis, uma consequência imprevista das tecnologias e mídias. De início, as intenções que levam à configuração de uma inovação indicam certo conjunto de características que se deseja atribuir a seus produtos. Mas, à medida que essa inovação ou tecnologia se difunde pela sociedade, afetando a cultura e a circulação de influências e fluxos de troca, ela manifesta aspectos, em geral, surpreendentes, imprevistos em sua proposta inicial. Um dos exemplos mais explorados por McLuhan foi o da **imprensa**: sua proposta declarada foi acelerar o processo de produção de livros; à medida que grupos políticos dela se apoderam em favor da disseminação de outras ideias, potencialmente contrárias ao poder centralizado da Igreja, a imprensa assume um papel já imprevisto. Segundo McLuhan, o maior impacto dessa tecnologia ocorreu ao promover a conformação dos Estados nacionais modernos, a partir da possibilidade da produção maciça de documentos padronizados de toda natureza (cópias oficiais da constituição nacional, papel moeda, cartilhas de alfabetização etc.), fundamentando a educação maciça e padronizada, a imposição de uma língua nacional e, finalmente, a emergência da Revolução Industrial. Para McLuhan, todas essas consequências já estavam presentes na gestação da imprensa, mas revelaram-se pouco a pouco, manifestando-se de maneira cada vez mais marcante durante um período de 300 anos (MCLUHAN, 1972).

As ideias e métodos de McLuhan, Innis e Neil Postman configuram uma área de conhecimento denominada **Ecologia de Mídias**, que estuda a coleção de mídias em uso nas diversas culturas, procurando por indícios de como os *bias* compostos de diversas mídias, e também tecnologias, se sobrepõem, conformando não apenas nossa percepção durante os processos de comunicação, mas também na construção do ambiente em que vivemos, assim como na invenção e manutenção do repertório industrial de consumo e trabalho (POSTMAN, 2000 e 2007).

A Ecologia de Mídias nos indica a noção de **emergência** do ponto de vista cultural: mesmo que alguma inovação – não necessariamente comunicacional ou tecnológica, mas também de práticas produtivas, de construção do ambiente e do design – é lançada à sociedade, ela irá afetar a cultura de um modo que superará nossas expectativas, e em sentidos também surpreendentes. Como diria McLuhan: "vemos o mundo pelo espelho retrovisor", só podemos avaliar, de maneira estritamente racional e consciente, aquilo que se consumou na cultura – e, mesmo assim, de modo incompleto e precário (idem).

4.2 Abrir espaço para o imprevisto

O que a **emergência** nos ensina é o mesmo que as **consequências imprevistas das tecnologias**: nunca podemos afirmar com total certeza quais serão as consequências de um agenciamento. O primeiro e mais importante motivo é que temos, sempre, um conhecimento incompleto a respeito desses agenciamentos – característica da **Complexidade**. O segundo motivo, que é um esclarecimento do primeiro, se deve à descontinuidade das relações de combinação, que resultam em conjuntos dotados de características que não podem ser encontradas nas partes componentes separadamente, ou nas motivações explícitas da criação da tecnologia, da organização social, do espaço edificado, do objeto industrial ou da interface interativa:o conjunto emergente é **irredutível** e **irreversível** às suas partes (ASHBY, 1970).

Buckminster Fuller fala de **sinergia**: a entidade que supera a soma das partes, e indica que essa é característica intrínseca da tecnologia como produtora de riqueza (FULLER, 1975 e 1977).

Mas, por outro lado, não somos reféns de uma lógica completamente além de nosso controle, que se faz à total revelia de nossas intenções.

Heurísticas e a dificuldade da formalização do projeto

Um primeiro passo seria assumir que, apesar de, tradicionalmente, o design e a arquitetura reconhecerem apenas o projeto de **sistemas simples** (determinísticos – desenho urbano, edificações, utensílios, mobiliário, veículos etc.) e **complexos desorganizados** (estatísticos e probabilísticos – cidades, legislação urbana, sistemas de objetos industriais, sistemas de distribuição e consumo etc.), seria necessário reconhecerem que é possível o projeto de **sistemas complexos organizados** (não determinísticos – **máquinas abstratas**: sistemas interativos abertos, ecologias de objetos e de informação, computação ubíqua como parte do ambiente urbano, sistemas de objetos produzidos colaborativamente, projeto de procedimentos e regras etc.). Essa assunção abre caminho para incorporar-se o **ferramental** do Metadesign – o ferramental tradicional de projeto, mesmo que amparado pela computação e informática, não é suficiente para lidar com a Complexidade; seria interessante rever as próprias categorias com as quais pensamos e avaliamos o processo de projeto.

Em segundo lugar, seria interessante procurar por maneiras adequadas para lidar-se com o **conhecimento incompleto**. Uma delas é envolver o objeto proposto em um máximo de experimentos – tentar "vê-lo em ação" das mais diversas maneiras e situações. No caso das novas tecnologias e na gestão de sistemas, trata-se de capitalizar sobre o envolvimento das comunidades – comunidades de usuários, de consumidores, de programadores, de projetistas, de designers, arquitetos, engenheiros, cientistas, artistas.

Em especial, nas áreas correlatas ao **design de interação**, existe uma demanda constante por critérios mais explícitos de projeto e avaliação: a maior parte das diretrizes de projeto aplicadas pela área do design denominada "usabilidade" tem origem em numerosos experimentos em condições controladas: observam-se as reações e ações do usuário frente a alguma demanda de uso de determinado equipamento, website, aplicativo ou interface. Os resultados observados norteiam a atividade futura de projeto, mesmo que não se encaixem no esquema epistemológico preexistente, ou seja, não possam ser explicados de maneira completa, estritamente racional e formal. O que importa é que "funcionem".

Esse modo de produção empírica de conhecimento chama-se "heurística", e comumente utiliza-se esse nome para as próprias diretrizes de projeto derivadas de procedimentos heurístico (como as "heurísticas de Nielsen", assim chamadas por terem sido desenvolvidas pela sumidade da usabilidade, Jacob Nielsen). A palavra "heurística" vem do grego, e significa "encontrar", tanto no sentido de "encontrar uma solução por meio de pesquisa formal", como também o "encontro fortuito".

Foi exatamente o conhecimento heurístico que forçou uma série de reestruturações na ciência nos últimos dois séculos, pois impõe a concretude das coisas e do mundo sobre as pretensões de resolução e totalização do conhecimento formal.

O que pode-se tirar disso é que, para o processo de projeto desenvolver-se a contento, é necessário que exista envolvimento experimental do Designer, quer seja no contexto de laboratório, em procedimentos que emulam a pesquisa científica, quer seja por procedimentos ainda mais heurísticos, em que não esteja presente o formalismo da metodologia científica.

Também, em sua maioria, o conhecimento das ditas *metodologias* de projeto são do tipo heurístico, com o acúmulo de experimentos levando à maturação de abordagens de projeto, muito comumente sem alcançar-se o nível de formalização necessário para serem consideradas métodos ou metodologias no sentido científico ou filosófico.

A metodologia científica opera por um procedimento teoremático, ou seja, no formato de resolução estritamente formal do problema levantado. Já a metodologia de projeto sequer precisa construir seus objetos de trabalho no nível de formalização exigido pelas ciências. Mas, por outro lado, o design tem o compromisso com a criação de uma entidade, enquanto a ciência tem o compromisso com a produção de conhecimento, mesmo que apenas teórico. Na prática, mesmo que o designer não tenha como afirmar **cientificamente** suas propostas, ele não deixa de as fazer.

Estou me referindo às diferenças entre conhecimento **teoremático** e conhecimento **heurístico**, duas formas complementares de produção de conhecimento. A relação "problema/teorema" predomina nas abordagens formalistas, e nunca chega a se configurar nas abordagens concretamente produtivas – especificamente, no que denomino "Cultura de Projeto": Design, Arquitetura, Urbanismo, e também a Arte.

Como comentei no capítulo anterior, essa característica *ad hoc* do projeto não é um defeito a ser corrigido. Pelo contrário: a insistência com que as abordagens heurísticas se impõem – até mesmo por falta de um anteparo que dê sustentação para uma abordagem formalista definitiva em projeto – deveria ser considerada como um sinal de que há entidades, questões e processos que não se prestam à formalização absoluta. Voltarei a essa questão mais à frente.

Processos colaborativos

Outro princípio de extrema fecundidade é o da **colaboração**: a proposta de entidades complexas e dotadas de propriedades emergentes possui relações interessantes com processos colaborativos, tanto como uma forma de torná-los **tratáveis** (abrindo a complexidade de uma entidade à maciça ação de um conjunto extenso de pessoas), como também por um processo de **identificação** (as comunidades e as sociedades são, elas mesmas, entidades complexas dotadas de propriedades emergentes).

Dentre as numerosas iniciativas de colaboração, a proposta mais estruturada, antiga e autoconsciente como indutora da colaboração aberta e consequente é, provavelmente, o Software Livre. O programador e ativista Richard Stallman declarou, em 1983, que iria abandonar as práticas que surgiam naquele momento para ampliar o controle das corporações e instituições sobre as peças de software. Desde meados da década de 1970, percebe-se que o software é uma peça que pode ser tratada como parte da Indústria Cultural, e não como, de acordo com a abordagem predominante na computação até então, um adendo ou anexo menor ao hardware. Gradualmente, com base nos direitos de propriedade intelectual, se conformam práticas de restrição ao uso e à circulação do software. No início da década de 1980, essa situação estava se consumando de tal maneira, que um hábito arraigado à comunidade de programadores de computador foi diretamente afetada: a livre circulação de influências, tanto pela maneira extremamente generosa com que compartilhavam experiências, como sob a forma do próprio código **fonte** – código compreensível, acessível aos colegas programadores – a chamada "ética hacker".

Stallman propõe um conjunto de princípios para nortear a produção de software, denominando-os "software livre". Voltarei ao Software Livre e aos seus princípios em mais detalhes, mais adiante.

Projetos de software realizados conforme esses princípios envolveram enorme colaboração, e tornaram-se referência de uma forma produtiva que foi apropriada pela própria lógica corporativa – como o sistema operacional Linux, a Wikipédia, o modelador Blender, dentre outros. Fala-se de uma abordagem produtiva **distribuída**, denominada *peer-production* (**produção por pares**, entendidos como membros de uma comunidade sem diferenciação hierárquica). Diversas iniciativas de teores os mais variados passaram a tirar proveito da colaboração, comumente envolvendo técnicas bastante inovadoras de ativação dessas comunidades, do controle e avaliação dos resultados obtidos (TAPSCOTT; WILLIAMS, 2006).

O processo colaborativo também pode ser ativado por meio da apropriação de trabalho voluntário, mesmo que inconsciente: é o caso da maioria da produção da empresa Google, que desenvolve novos serviços e produtos em um ritmo frenético, abrindo-os ao uso quase que imediatamente, sem passar pelas etapas tradicionais de desenvolvimento, testes e correções para a construção da versão definitiva de um software – comumente, os produtos e serviços da empresa permanecem em um "estado Beta permamente", ou seja, em contínuo estado de testes e readequações, envolvendo a maciça colaboração de seus usuários (idem).

Projeto, determinismo e emergência

É possível, agora, rever a aplicação daquilo que comentamos no último capítulo: o uso de **procedimentos** quase sempre envolve, também, reconhecer a **emergência** como um dado inevitável, possivelmente aproveitável, do projeto de entidades complexas. O Metadesigner tem opção de adotar uma perspectiva de Projeto que ainda insiste em exercer um controle estrito sobre os caminhos e os resultados de sua proposta, ou aceitar, e aproveitar, as entidades emergentes que se manifestam à medida que sua criação se desenvolve e é implementada. De qualquer maneira, abandona-se a noção profundamente arraigada à própria etimologia da palavra **projeto: determinar** um futuro – de maneira estrita, isso não é possível.

Mas, mesmo que se abandone o **determinismo** "ingênuo" do projeto, é possível adotar uma abordagem que denomino "determinista indireta", em que o designer exerce o controle por meio da manipulação das formas emergentes. Alguns autores falam em abandonar o controle direto e deixar que o processo amadureça ou se desenvolva com um grau amplo de autonomia, mas sob observação e controle oportuno. Em especial, a acumulação de *know-how* e conhecimento empírico nas corporações, se limitada a um processo restritivo e formalista, pode não ser bem aproveitada. Oportunamente, as corporações têm cedido espaço e tolerado práticas pouco usuais, até mesmo que aparentam ser contrárias ao seu modelo de negócios – como no caso do investimento maciço que empresas de computação, como a IBM, fazem em software livre, como o Linux. As abordagens descentralizadas e/ou distribuídas do *peer-production* são fomentadas porque têm excelente rentabilidade e eficácia (idem). No entanto, um monitoramento centralizado, que relembra constantemente os objetivos comerciais e financeiros das empresas que fomentam as ditas "ideágoras", toma o lugar daquele controle absolutamente centralizado, que impunha os objetivos de maneira demasiadamente estrita (NARDI; O'DAY, 1999).Existe ainda a dita "computação social" em que os processos de colaboração estão de tal forma organizados e formatados por sistemas interativos de grande escala social, que as comunidades são consideradas parte do "processo computacional". Exemplos disso são os serviços que utilizam maciçamente as competências culturais e perceptuais humanas para classificar objetos de difícil, ou impossível caracterização por meio de máquinas, como o Flickr, del.icio.us, Google Earth, dentre outros (ROUSH, 2005). Aqui estão as plataformas que sustentam a construção das *folksonomies*, citadas no Capítulo 1.

De qualquer maneira, esse contexto marcado pela **emergência** acaba por ser um campo de embate entre duas abordagens diferentes quanto ao lidar com aquilo que emerge inevitavelmente das entidades complexas: ou o imprevisto é algo a ser corrigido, que deve ser debelado, até mesmo erradicado?; ou, por outro lado, o imprevisto é algo a ser aproveitado, fomentado, desenvolvimento, até mesmo liberado das amarras de uma organização centralizada? Essa dúvida, que não se resolve facilmente, caracteriza o projeto determinístico indireto.

Seria possível pensar um "Projeto não determinístico" no qual o imprevisto é algo a ser promovido e utilizado, não apenas como diferencial competitivo, mas também como atitude ética frente à alteridade, àquilo que emerge da sociedade e da cultura, e que já foi diversas vezes restringido por uma visão de mundo e da criatividade que não aceita concretamente alternativas por demais alheias a si mesma? Voltaremos a isso mais adiante.

4.3 Ecologias de interação e nichos de interação

Se considerarmos o processo mais amplo pelo qual uma inovação, serviço ou produto desenvolve-se pela sociedade e cultura, reconhecemos muitos momentos quando muito do que caracteriza essas entidades está completamente além do controle e, mesmo, do alcance de abordagens centralizadas de controle da criatividade.

Desenvolvi um desdobramento da Ecologia de Mídias de McLuhan e Postman que aplico ao Design de Interação. Denomino o conjunto de práticas interativas do cotidiano em que estamos imersos, e do qual participamos ativamente e passivamente, de Ecologia de Interação. Ela é a conjunção entre tecnologia e sociedade que compõe um ambiente dotado de uma miríade de objetos e situações em que ocorre a interação entre nós e esse ambiente.

Nessa **Ecologia**, há **nichos de interação**, relações específicas em que a interatividade ocorre. Esses nichos são conformados segundo um processo gradual que estabelece os laços entre objeto, contexto, situações e interator. À medida que esses laços tornam-se mais arraigados, mais próxima de uma **necessidade** aquela interação se assemelhará.

(a)

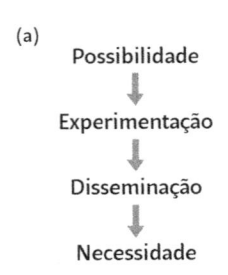

Possibilidade

↓

Experimentação

↓

Disseminação

↓

Necessidade

(b)

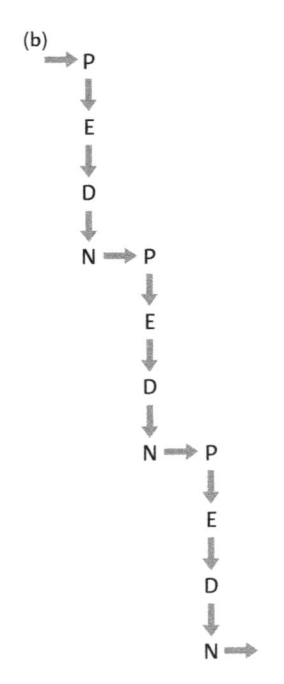

Figura 4.2 – Quadrívio referente à conformação de um novo nicho de interação (a). A partir do momento que a ecologia de Interação se Estabiliza, com a assimilação da inovação, surgem novas possibilidades, suscitando um novo ciclo de conformação de um nicho de interação (b). Esse diagrama é apenas a representação linear e simplificada de um processo complexo e distribuído.

Qualquer tecnologia, produto, serviço se disponibiliza enquanto uma interação: o celular, o computador pessoal, a televisão, o automóvel, o walkman etc., ocupam nichos de interação. Caso ocorra alguma alteração tecnológica ou funcional, o nicho continua conformado enquanto expectativa de interação, os laços ainda o exigem. Por exemplo, quando a tecnologia de áudio digital tornou-se barata, ela passou a substituir a tecnologia analógica do funcionamento inicial dos walkmans, em um processo frenético de experimentação que culminou com os "mp3 players" do início da década. Após esse momento, o nicho "ouvir música por meio de um dispositivo portátil e compacto" (walkman) passou a ser integrado a outro nicho, "comunicar-se pela fala à distância por meio de um dispositivo pessoal" (telefone celular). Nichos se conformam e se reconformam, alterando-se de acordo com as múltiplas e constantes variações da Ecologia de interação.

Quadrívios cíclicos e emergência

Para compreender melhor as **ecologias** e **nichos de interação**, desenvolvi dois "quadrívios" derivados daqueles propostos por Lévy, a partir da obra de Deleuze e Guattari (LÉVY, 1998). As relações entre **virtual**, **atual**, **possível** e **real** que Lévy organiza em um diagrama de quatro regiões – o quadrívio – é muitíssimo interassante para a compreensão de uma noção expandida da complexidade.

O primeiro quadrívio (Figura 4.2) diz respeito ao processo pelo qual uma inovação, novo serviço, produto, ou tecnologia, se dissemina pela sociedade, nos entrechoques culturais que conformam um **nicho de interação**. Esse processo ocorre em quatro etapas ou momentos:

(1) **Possibilidade**: a inovação surge como o agenciamento de um repertório tecnológico e pela reinterpretação da Ecologia de Interação existente – praticamente todas as inovações surgiram não a partir de uma demanda configurada socialmente, estatisticamente ou politicamente, mas como a identificação criativa de uma **possibilidade**, de um agenciamento possível de tecnologias e interações em um objeto, serviço ou produto. A percepção desse agenciamento é feita **em primeira pessoa**, ou seja, o(s) propositor(es) experimentam a inovação diretamente, ou um experimento direto suscita a inovação, e raramente há uma demanda oriunda do meio social.

(2) **Experimentação e luxo**: a inovação inicia seu processo de disseminação como a adoção arriscada por parte de um grupo restrito de adeptos disponíveis para a experimentação – caso

haja o anteparo de uma corporação poderosa, pode ocorrer uma campanha de promoção do produto, serviço ou objeto; caso contrário, o processo de disseminação ocorre boca a boca. De qualquer maneira, a adoção ocorre por causa da experimentação em primeira pessoa: o "convencimento" é fruto da percepção imediata do produto ou serviço. Nesse momento, a interação é experimental, tentativa e errática, e é compreendida como um "supérfluo": caso seu uso não seja possível, em virtude de alguma pane ou avaria, as atividades pessoais ou sociais do indivíduo não são impedidas. As relações entre as partes envolvidas – os atores sociais, as tecnologias, os contratos e legislação – são também experimentais e vagos, pouco formalizados. Muito da inovação se configura e se reconfigura nesse momento, a partir das apropriações e alterações de uso que os interatores promovem.

(3) **Disseminação no cotidiano**: a inovação, percebida por um conjunto social mais amplo, passa a circular com mais intensidade, alcançando um número maior de usuários/interatores. A percepção imediata da inovação é precedida pela difusão do conceito de seu uso que se abstrai nas múltiplas situações de uso ocorridas – conforma-se uma **imagem** da inovação, que circula pela sociedade como um objeto abstrato compacto, de fácil reprodução (*meme* – voltaremos a isso adiante). Nesse momento, o processo de experimentação passa a contar com precedentes, demandas mais qualificadas, e a formalização gradual das relações entre as partes: contratos e papéis começam a se conformar com mais clareza, e a legislação é adaptada para acomodar as novas situações que emergem do uso, cada vez mais disseminado, do produto ou serviço.

(4) **Necessidade**: à medida que a inovação se dissemina, ela passa a estar associada a um número cada vez maior de atividades e funções pessoais e sociais. A partir de um determinado momento, sua presença é tomada como um **dado**, e não mais como apenas uma possibilidade interessante, e sua presença torna-se crucial para o desempenho das funções fundamentais da vida cotidiana. Nesse momento, a inovação está **entranhada** ao cotidiano e à vida social – ela torna-se **necessidade**, entendida como fato consumado de um contexto, função ou situação. Agora, a retirada do objeto, produto ou serviço da vida de uma pessoa causará um transtorno considerável – dependendo do papel que o **nicho de interação** desempenha, sua retirada pode causar o colapso da função em questão – a exemplo do telefone celular e as funções profissionais que dele dependem; ou ainda a conformação urbana que depende do transporte

Possibilidade 1 ### Experimentação 2

Percepção das possibilidades de um agenciamento de tecnologias.

Essas potencialidades são percebidas como meios de reconfigurar a Ecologia de Interação existente.

As tecnologias agenciadas já existem na Ecologia, mas estão em uso de um modo diferente do proposto pela inovação em questão.

A inovação envolve, em algum nível, a mudança da postura corporal do usuário/interator.

Adoção parcial da inovação, pois, inicialmente, ela não altera profundamente a Ecologia de Interação.

O uso/interação ocorre como Luxo, no sentido de ser supérflua.

O regime de uso e interação é em "risco", pois não há garantias de sua eficácia ou de sua constância.

As relações sociais envolvidas pela inovação não estão formalizadas, e também são compreendidas em regime de "exceção".

Necessidade 4 ### Disseminação 3

A inovação se entranha no cotidiano, nas atividades comuns e ao planejamento destas atividades.

A inovação traça relações com tantas atividades, que não é mais possível se desfazer de seus agenciamentos.

Ela passa a fazer parte do repertório tecnológico, prático e criativo.

É parte integral da Ecologia de Interação, da "realidade", em relação íntima com o cotidiano.

Um conjunto social maior passa a adotar a inovação, a partir da percepção imediata.

Além disso, há uma Meme, uma imagem compacta, da inovação que dialoga com a percepção, uso e/ou interação em primeira pessoa.

Os papéis sociais relacionados à inovação se formalizam.

Gradualmente, conformam-se expectativas quanto à eficácia constância da inovação.

Figura 4.3 – Processo geral de instauração de um novo nicho de interação. De possibilidade (agenciamento original), a inovação torna-se experimentação (exploração das possibilidades postas em ação) e gradualmente dissemina-se pela sociedade (torna-se perceptível e acessível a um grupo social maior) e, por fim, torna-se necessidade (torna-se parte integral da Ecologia de Interação).

motorizado; ou, ainda, a lógica empresarial que depende de intranets de extrema complexidade, entranhadas nas mais diversas funções de gestão e produção.

Esse processo se repete com notável regularidade, quanto aos mais diversos produtos e serviços (Figura 4.3).

A identificação desse processo inverte a relação há muito estabelecida para o design: que ele é uma "resposta a uma necessidade". Como diria Villém Flusser, é o contrário: o design cria a necessidade (FLUSSER, 2007). E seu agenciamento inicial é fruto da identificação de uma possibilidade – processo mal explicado na literatura do design, o qual desconfio ser, em grande parte, informal e mais afeito à arte do que à ciência. Essa é uma posição controversa, e trataremos dela nos próximos capítulos.

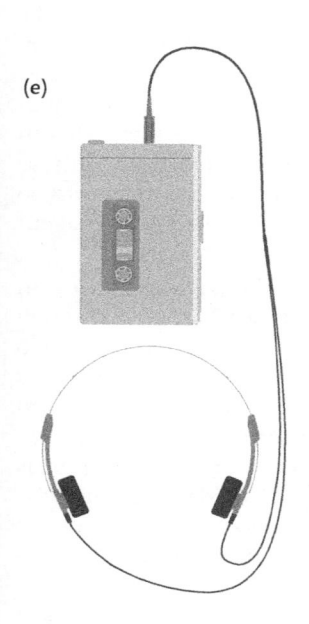

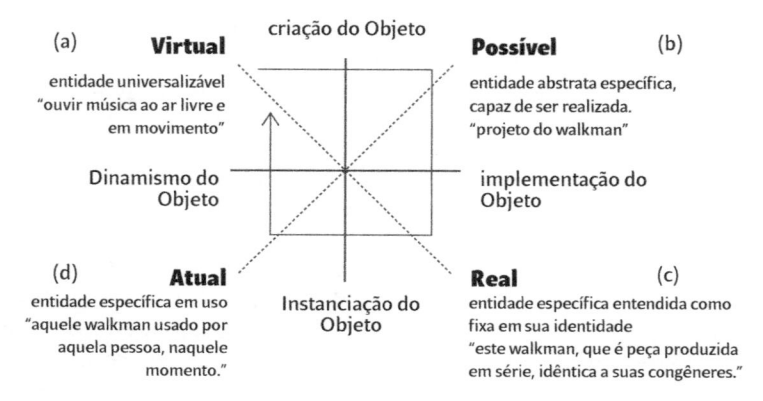

(a) **Virtual**
entidade universalizável
"ouvir música ao ar livre e
em movimento"

criação do Objeto

Possível (b)
entidade abstrata específica,
capaz de ser realizada.
"projeto do walkman"

Dinamismo do
Objeto

implementação do
Objeto

(d) **Atual**
entidade específica em uso
"aquele walkman usado por
aquela pessoa, naquele
momento."

Instanciação do
Objeto

Real (c)
entidade específica entendida como
fixa em sua identidade
"este walkman, que é peça produzida
em série, idêntica a suas congêneres."

Figura 4.4 – Quadrívio "Senac", desenvolvido como parte das atividades do Laboratório de Tecnologia em Design de Interfaces (VASSÃO et al., 2006). Uma forma de compreender-se a sequência de concepção isolada e sua circulação pela sociedade. O exemplo apresentado é o do desenvolvimento do "walkman" desde sua concepção até seu questionamento em uso concreto pelas comunidades. (e) Esquema aproximado de um meta-objeto/walkman, que ocupou inicialmente o nicho de interação descrito.

O segundo quadrívio (Figura 4.4) diz respeito ao modo como o produto ou serviço é proposto inicialmente para, em seguida, ser questionado tacitamente ou explicitamente pelo contexto social de uso concreto:

(a) Inicialmente, na identificação das possibilidades que serão articuladas no agenciamento do produto ou serviço, este é uma entidade **virtual**, um "princípio universalizável" (LÉVY, 1998), que encerra um campo muito amplo e variável de intenções baseadas em percepções concretas quanto aos seus elementos: a tecnologia, o processo de interação, a percepção do objeto de interação. Por exemplo, percebe-se que pode ser interessante aglutinar-se tecnologias que permitam a audição de música de alta-fidelidade em espaços públicos; e que o produto a desempenhar essa função poderá ser pequeno, de portabilidade conveniente (walkman). Não há formalização suficiente para sua operacionalização imediata, apenas para sua percepção enquanto entidade viável em uma **Ecologia de Interação** – no caso do walkman, conta-se com a existência dos cassetes de áudio muito comuns naquele momento histórico, assim como com as baterias e com o espaço que um aparato como ele poderia ocupar junto ao corpo de seu usuário: há um contexto tecnológico, social e corpóreo perceptível.

(b) Em um segundo momento, é feita a especificação técnica do produto ou serviço, tendo-se em vista sua produção em série, e/ou implementação em uma operação racionalizada. No caso de produtos industriais, é o momento da elaboração do projeto entendido enquanto coleção de desenhos técnicos, da descrição do processo de fabricação e distribuição (embalagem, transporte e exposição). Essa descrição é realizada em linguagens formais (como a do desenho técnico) e são entidades **possíveis**, "que podem ser tornadas **reais**", como na relação entre o carimbo (que descreve uma possibilidade) e a imagem carimbada (realização) (idem).

(c) Nesse momento, a entidade é efetivamente produzida ou tornada concreta como produto que pode ser distribuído ou serviço disponibilizado – ou seja, é tornada uma entidade **real**. No caso de um produto industrial, é uma cópia realizada a partir das especificações de projeto e produção serializada. No caso de um sistema interativo, trata-se de sua interface disponível para acesso do usuário, "rodando" o código descrito em seus programas componentes. Há sempre espaço para variabilidades e imprevistos, para as **emergências** – mas estas são debeladas pelo controle estrito que há nessa passagem de **possível** para o **real**. Cada cópia saída da linha de produção é compreendida como "idêntica" às suas congêneres – o conhecido "controle de qualidade" é um dos procedimentos que debelam imprevistos. Variabilidades são compreendidas como "defeitos" e não como potenciais inovações – por mais que esse, muitas vezes, seja o caso.

(d) O produto ou serviço é adquirido e/ou acessado pelo usuário/interator. Por mais que as funções de uso sejam descritas e normatizadas por meio de documentação – como o manual de uso que acompanha os produtos industriais, por exemplo – interage-se das maneiras mais variadas – o produto ou serviço passa a existir enquanto **ato** concreto (atual). Nesse processo, além das funções previstas, muito das potencialidades latentes inerentes ao agenciamento original são exploradas, mesmo que não tenham sido sequer percebidas pelos propositores iniciais – como, por exemplo, o uso que se fez do walkman como ferramenta de gravação de bandas musicais, ou a audição em duplas. A dimensão **atual** do produto ou serviço impõe a concretude do que foi agenciado, e implica novas interpretações que reconfiguram o produto.

(e) Fechamento e reinício do ciclo. Os propositores iniciais podem reconhecer nas **emergências**, nas qualidades descobertas em seu produto e/ou serviço de modo imprevisto pelas comunidades de usuários/interatores, um obstáculo, uma dificuldade a ser corrigida, ou uma oportunidade, um insumo para mais um ciclo de inovação.

Há aspectos destes dois quadrívios que ficarão mais claros nos próximos capítulos.

*O controle absoluto não é possível, mas o controle parcial é viável, mediante o ajuste constante de metas e objetivos – comumente, isso é aceito como o tradicional projeto determinístico. Podem-se, ainda, adotar novas abordagens de projeto que aceitam essa variabilidade da **emergência** como uma oportunidade, e não um obstáculo.*

Arte

5

5.1 Arte em seu sentido amplo

A noção de Arte ainda hoje predominante em nossa cultura data do início do século XIX, quando ocorreu um processo que chamo de "Fratura Romântico-Positivista" (VASSÃO, 2008) – por meio do qual o Positivismo determinou as múltiplas áreas de conhecimento das ciências, e o Romantismo consolidou um modo idealista de se fazer filosofia, tendo na Arte e na Estética dados fundamentais ao pensamento filosófico (SHINER, 2001).

O design pode ser entendido e produzido como Arte, contanto que esta seja compreendida em seu sentido amplo.

Nesse momento, tudo o que foi considerado "arte" até então, como os numerosos saberes produtivos, hoje denominados "artesanato", assim como o conhecimento técnico produtivo em geral – quer sejam das artes, como também da medicina, da construção civil, ou da oratória etc. – foram reorganizados: aquilo que estava relacionado a um saber técnico produtivo consequente para o cotidiano e a organização da produção de bens de uso ordinário, foi denominado "Tecnologia", e aquilo que dizia respeito à expressão das emoções, sensações e vontades, daquilo que tradicionalmente se denominava "alma", foi denominado "Arte" – o Positivismo tomou para si o desenvolvimento das "artes industriais", subdivididas entre as diversas ciências e engenharias, e foram batizadas com o termo **Tecnologia**; e o Romantismo tomou para si o questionamento das ideias, das entidades transcendentais, da sensibilidade e da **Estética**. Essa "Fratura" foi a confirmação de uma separação que se processou gradualmente, ao longo de um período de quase dois mil anos, desde a aurora da era cristã até o Iluminismo (ABBAGNANO, 1998; SHINER, 2001; HOME, 1999; EAGLETON, 1993).

A Revolução Industrial suscitou uma tal alteração nas práticas produtivas, que os movimentos filosóficos viram-se obrigados a repensar o lugar do que tradicionalmente chamou-se "Arte"; e contribuíram decisivamente para estabelecimento do papel que cada uma das subdivisões resultantes teriam na sociedade industrial que sucedeu-se.

Em seu sentido clássico, tanto o *Techné* grego, como o *Ars* latino, denominam a "produção de algo", a ação de "fazer existir", denominada *Poiésis* em grego: onde havia apenas matéria disforme, a Arte daria forma, configuraria a matéria. Nesse campo da "produção" estão inclusos todos os elementos envolvidos neste "fazer existir": desde a *mimese* – a imitação –, até a manipulação dos sentidos, e seu estudo, a **Estética**; e ainda as diversas "funções" da Arte, como a educação e a expressão. Mas ali também estaria a "técnica" no sentido de "saber fazer", um conjunto de conhecimentos produtivos relativamente organizados. Antes da ascensão das ciências e da formalização do conhecimento produtivo por meio da **Tecnologia**, o fazer envolvia um campo bastante vago de conhecimentos, disseminados por grupos sociais dedicados às diversas atividades de produção (ABBAGNANO, 1998).

Na antiguidade, esse campo muitíssimo amplo da Arte inclui as "artes" aceitas atualmente – como a música, a pintura, a escultura etc. – mas também atividades que, após a "Fratura Romântico-Positivista", foram convertidas em ciências ou tecnologia – como a Matemática, a Medicina, a Astronomia, a Retórica, dentre outras. Durante a Idade Média, as artes são organizadas em dois grupos: "artes liberais", que dizem respeito à alma e à liberação desta do mundo, e as "artes servis", que servem ao corpo e ao conforto, ou seja, nos envolvem no mundo. As artes liberais seriam a Música e a Poesia, mas também a Matemática e Astronomia. A artes servis seriam a Arquitetura e também a Medicina. Começava aqui uma distinção entre artes relacionadas ao espírito (liberais) e relacionadas ao mundo físico (servis) que iria culminar com a separação das primeiras como "Artes" sem sentido estrito, segundo o Romantismo, e as "artes menores", da técnica e da tecnologia, como partes intrínsecas das ciências contemporâneas (idem).

Ainda hoje, o termo "Arte" guarda essa conotação produtiva ampla, e é utilizado desse modo em linguagem jurídica. Mas, ao se falar das áreas de conhecimento que regem a organização das atividades de produção, a palavra "Arte" é reservada para as atividades de produção e de produtos puramente contemplativos, que requerem fruição em espaços e momentos especializados. E, ainda, há uma distinção clara entre artista ("produtor", ativo), e público ("fruidor", passivo). Mesmo nos radicais experimentos que tentaram diluir esses papéis durante o século XX, como a Arte Total, o Situacionismo, a Arte Participativa – e, ainda, a promoção da "morte do gênio" –, a Arte como que é "proibida" de participar do cotidiano (SHINER, 2001; HOME, 1999; TASSINARI, 2001).

Por outro lado, a indústria assume muitas das funções tradicionalmente atribuídas à Arte, como a produção de utensílios, maquinário, vestuário etc. O Positivismo postula uma área de conhecimento que é o "estudo sistemático da produção", com a união de duas palavras gregas *techné* (arte) e *logos* (conhecimento): a **tecnologia**. Essas duas atividades, o *techné* e o *logos*, estiveram dissociadas desde a antiguidade, e são sobrepostos das mais diversas maneiras nos últimos dois séculos, em geral, em atividades associadas à tecnologia (ABBAGNANO, 1999; BONSIEPE, 1978).

Ao longo do século XIX, à medida que fica patente que a indústria não consegue construir de modo satisfatório a percepção concreta que o público faz de seus produtos, surge a chamada "arte aplicada", que desce do pedestal de pura fruição que o Romantismo tinha reservado à arte, e adentra no cotidiano das pessoas, devidamente mediada pela produção industrial. No início do século XX, essa abordagem é abandonada em prol da construção da profissão que convencionou-se denominar **Design** – escolas como a Bauhaus demonstram um outro modo de sobrepor-se *techné* e *logos*, mais afeito à ação produtiva concreta, e menos à fruição especializada.

Mesmo assim, as categorias que se utiliza para compreender o papel social da Arte ainda são aquelas definidas pelo divórcio entre **Arte** e **Cotidiano**.

Filosofia contemporânea e a Arte como "produção"

Após dois séculos conturbados, em que a filosofia foi atacada, sendo descrita como supérflua por positivistas, utilitaristas e pragmáticos, pode-se descrever a filosofia contemporânea como dividida em dois campos: **Filosofia Analítica** e **Filosofia Continental**. A primeira é tratada como fundamento filosófico para as ciências "duras", que são consideradas elas mesmas como o conhecimento válido: a filosofia seria apenas um anteparo epistemológico para sua crítica e desenvolvimento. A segunda é, na verdade, um campo amplo, complexo e contraditório, de múltiplas posições epistemológicas, metodológicas e produtivas. Dentre elas, destaco três que podem ser muitíssimo fecundas para a discussão aqui apresentada: (1) Fenomenologia – que se inicia com Husserl, e tem em Merleau-Ponty (primado da percepção, o **Corpo** como fundamento ontológico) seu expoente mais recente (MERLEAU-PONTY, 1996); (2) Teoria Crítica, ou "Escola de Frankfurt", de pensadores como Adorno, Horkheimer, Benjamin, Marcuse e Habermas – com conceitos como a "lógica instrumental" e a "indústria cultural"

(MATOS, 2005); e (3) Pós-Estruturalismo – uma área extremamente plural, da qual saliento o trabalho de Deleuze e Guattari, Latour, Foucault e Lévy (DELEUZE; GUATTARI, 1995, 1996, 1997; LATOUR, 1998, 2000; FOUCAULT, 2000; LÉVY, 1998, 1999). Ainda, o movimento artístico chamado "Situacionismo", cujo maior expoente foi, provavelmente, Debord, apresentou contribuições muito fecundas para questionar o papel da Arte no mundo contemporâneo (DEBORD, 1997, 2003, 2003b; JACQUES, 2003; KOTANYI; VANEGEIM, 2006; ANDREOTTI, 2001).

A Fenomenologia de Maurice Merleau-Ponty propõe o "primado da percepção", o princípio de que, primeiro, percebemos o mundo e, apenas depois, somos capazes de impor a discriminação analítica da cognição e da racionalidade. Ou seja, antes temos a percepção imediata ("sem mediação"), a **Estética**, e após esse momento inicial em que somos tomados pelos objetos da percepção – "blocos perceptuais" – podemos construir objetos de cognição, uma ação em que diferenciamos eles entre si e do ambiente do qual fazem parte (MERLEAU-PONTY, 1996). A Fenomenologia afirma, ainda, que para poder-se pensar e fazer ciência, é necessário começar-se pela percepção, e não pela linguagem, pelo código ou pela norma. E a Estética toma um papel cada vez mais importante na obra de Merleau-Ponty, até sua morte, em 1961 (idem).

A chamada Escola de Frankfurt, dos pensadores Walter Benjamin, Theodore Adorno, Max Horkheimer, Herbert Marcuse e Jürgen Habermas, dentre outros, propôs dois conceitos de que faço uso constante. Primeiramente, afirmaram que a maior parte da filosofia utilitarista e empirista, assim como da ciência e tecnologia, do século XIX e XX, opera por meio do que chamam "Lógica Instrumental", o pensamento racional que tem por objeto o controle e dominação da natureza, do espaço, das pessoas e populações – a utilização das entidades como instrumentos, como meios para a obtenção de um fim. Em segundo lugar, Horkheimer e Adorno propõem o conceito da "Indústria Cultural": o complexo de produção, distribuição e persuasão da mídia de massa – afirmam que, efetivamente, não existe uma "cultura de massa", entendida como a coleção de produtos que a população produz para si mesma, mas sim uma "indústria cultural", o conjunto de processos que utilizam conteúdos e procedimentos das mais diversas áreas da ciência, tecnologia e Arte para inundar o espaço perceptual e cognitivo da população, em geral tendo como meta o controle e direcionamento da sociedade (MATOS, 2005). Compreender os circuitos pelos quais a Indústria Cultural apropria-se da

Arte e a converte em entretenimento, domando sua potencialidade de **alteridade**, pode prover um aprendizado interessante para a construção de seu inverso: a produção de objetos, produtos e serviços a partir da massa, ou da **multidão**, por si mesma (HARDT; NEGRI, 2005).

Gilles Deleuze, Félix Guattari, Bruno Latour, Michel Foucault e Pierre Lévy são filósofos, psicólogos, antropólogos e pensadores que foram agrupados de maneira um tanto *ad hoc* sob a denominação "Filosofia Pós-Estruturalista", a qual propõe uma multiplicidade de visões que, em geral, denunciam um modo por demais unificado ou "unívoco" de compreender as coisas, e propõem – como Deleuze, Guattari e Lévy – modos alternativos de ação frente à tendência de cerceamento das sociedades do capitalismo avançado.

Dentre as denúncias, estão: (1) a ciência "normal" tem a pretensão completamente infundada de produzir conhecimento absoluto e definitivo, sendo ela própria um campo de embates sociais e culturais (LATOUR, 1998, 2000); (2) o **Estado** é uma forma de organização social que dialoga com o **nomadismo** e nunca o supera, mas sim procura nele os conteúdos concretos com os quais constrói sua estrutura (DELEUZE; GUATTARI, 1995, 1996, 1997); (3) a linguagem e seu estudo, a linguística e a semiótica, por exemplo, têm a tendência de "sobrecodificar" as coisas, capturando-as para outras funções, subvertendo-as em prol da ciência "normal" e da "indústria cultural" (idem; LÉVY, 1998); (4) vivemos em uma sociedade – o capitalismo avançado – em que os movimentos dos indivíduos e das comunidades são diretamente vigiados, impondo uma lógica de disciplina e controle sobre a totalidade da população (FOUCAULT, 2000; HARDT, 2000).

Dentre os modos alternativos de ação estão noções extremamente dinâmicas de compreender-se a ciência e a cultura: (1) o Estado não supera o nomadismo – este se mantém vivo, reaparecendo constantemente, pois é essencial para a vida e para a produção humana (DELEUZE; GUATTARI, idem); (2) existem dois tipos de ciência: a "Ciência Nômade", que produz entidades concretas, as reais invenções, a criação verdadeira, a proposta de novos conceitos, ideias e obras; e a "Ciência Régia", a "ciência de Estado", que se apropria daquilo que a Ciência Nômade produz, impõe a normatização sobre ela, e descarta aquilo que pode ameaçar a lógica dominante de organização da sociedade (DELEUZE; GUATTARI, 1995b); (3) não há dicotomia entre "abstração" e "concretude", são apenas dois modos de ver-se ou apropriar-se das entidades e sujeitos do mundo – para compreender isso, é possível utilizar-se as relações entre aquilo que é **virtual** (princípios universalizáveis, ideias e conceitos transmissíveis), **atual** (aquilo que existe em ato, o **agora**, enquanto ação concreta), **possível** (aquilo que existe enquanto potencialidade; projeto e diretrizes) e **real** (aquilo que existe enquanto representação do concreto; nomes e denominações; consensos); essas relações oferecem um modo não definitivo, mas sim instável, de compreensão das coisas, próprio do **nomadismo** (DELEUZE; GUATTARI, 1995, 1996, 1997; LÉVY, 1998, 1999); (4) a **subjetividade** é inevitável e, no lugar de tentar livrar-se dela, como a Ciência Régia o faz, é interessante ativá-la, compreender suas potencialidades – um modo de fazer essa ativação é pelo constante revezamento de pontos de vista, de teorias e explicações, ou ainda de taxonomias, ontologias e sistemas de projeto, permitindo que as múltiplas subjetividades se sobreponham em um processo distribuído de produção do mundo (idem).

O Situacionismo foi um movimento artístico bastante fugaz que propôs toda sorte de subversão do espaço urbano, envolvendo constantes alterações do estatuto dos ambientes, de público a privado, e vice-versa, por exemplo – ou, então, propondo "métodos" de apropriação da cidade com intenção de causar essas alterações, como a "psicogeografia" (a apropriação subjetiva do espaço urbano), a "deriva" (o trânsito pela cidade desprovido da demanda de finalidades) e o *detournement* (a subversão e o "desvio" dos objetos, de uma finalidade original para uma finalidade subvertida) (DEBORD, 1997, 2003, 2003b; JACQUES, 2003; KOTANYI; VANEGEIM, 2006; ANDREOTTI, 2001).

Certamente, o conceito mais consequente e duradouro foi a oposição entre **Situação** e **Espetáculo**: a primeira é a "situação concreta", um processo subjetivo de apropriação do espaço urbano para a vida individual e coletiva; o segundo é um sequestro, ou captura, do ambiente urbano para a construção de um tipo de situação centralizada, dominada por uma única pessoa, processo ou ideia. O **Espetáculo** seria uma **Situação** que colapsa em uma centralidade (DEBORD, 1997).

Tanto no Pós-Estruturalismo, como na Teoria Crítica e no Situacionismo, conceitos de apropriação, subversão, captura e dominação são muito importantes, e serão fecundos para compreender-se a **Arquitetura Livre**.

Por outro lado, desde Merleau-Ponty, até Deleuze e Guattari, e ainda no Situacionismo e mesmo na Teoria Crítica, a ideia de subjetividade como a produtora legítima e inevitável do mundo aparece constantemente: em Merleau-Ponty, a **Estética** seria mais fundamental que a ciência; em Deleuze e

Guattari, a Ciência Nômade, e seus produtos circunstanciais, de compreensão e valor subjetivos, precedem a apropriação que a Ciência Régia faz deles; no Situacionismo, é a subjetividade da situação que conforma a vida coletiva e urbana; na Teoria Crítica, é a subjetividade de alguns que apropria-se da subjetividade de muitos por meio da Indústria Cultural.

Um modo de compreender-se isso é por meio de uma inversão ontológica: aquilo que, desde a filosofia clássica, era visto como um *a priori*, ou seja, "anterior", mais importante ou mesmo "imutável", será visto como um *a posteriori*, ou seja, um "posterior", menos importante, e "mutável" – a racionalidade passa a ser vista como um dos modos da intuição; a objetividade seria uma focalização, ou uma imobilização da subjetividade; a ciência seria apenas um dos modos como a Arte procede.

A Ciência Nômade, de Deleuze e Guattari nada mais é do que a própria **Arte**, entendida no sentido amplo e fecundo da *Poiésis*, da produção das coisas. E as características da Arte estão presentes mesmo na produção fundamental da Ciência Régia, ou "normal": fala-se muito da importância da sensibilidade e criatividade do cientista para a proposta de novas teorias, experimentos ou explicações – é que, concretamente, ele procede como o **artista**, apenas depois procura por meios de normatizar, tornar "objetivo", aquilo que sua subjetividade produziu.

Neste sentido, a Arte, em seu sentido amplo, é a coleção das atividades produtivas da humanidade, sob as mais diversas denominações, como a ciência, a tecnologia e a coleção de invenções humanas. Essa não é uma generalização vazia, mas sim a afirmação de que em todas as áreas produtivas há uma dimensão subjetiva que, no contexto histórico posterior à Fratura Romântico-Positivista, no qual ainda vivemos, tende a ser diminuída, debelada, domada ou simplesmente descartada – com grande prejuízo para a pluralidade e autenticidade da vida cotidiana, que vê-se reduzida a um processo de consumo de itens selecionados de conjuntos produzidos sempre por outras pessoas ou grupos, que não nós mesmos – o contexto socio-produtivo característico do capitalismo, que convencionou-se chamar de "alienação" (EAGLETON, 1999).

Epistemologia e Cultura de Projeto

O campo de ação do projeto não é estritamente limitado pelo que se crê que ele seja do ponto de vista acadêmico. Não existe, concretamente, a necessidade de qualquer sanção por parte do conhecimento formal para que a ação de projeto se liberte desse contexto dito "alienado". No entanto, o meio acadêmico acaba por repetir as categorias que legislam sobre a produção e a criatividade. No caso das áreas relacionadas ao projeto – Design de Produtos, Design Gráfico, Design de Interfaces, Arquitetura de Edificações, Paisagismo, Planejamento Urbano e Territorial, Urbanismo etc. –, a chamada "Cultura de Projeto", as fronteiras epistemológicas aceitas as posicionam como "Ciências Sociais Aplicadas" (CNPQ, 2010a), quando sabe-se que elas, efetivamente, não são ciências, sequer são filosofia. Esse esquema epistemológico que rege a Cultura de Projeto descende diretamente do Positivismo e da valorização das ciências sobre todas as outras formas de conhecimento: segundo ele, a Filosofia é uma "ciência humana", quando é efetivamente e historicamente a origem das ciências, e as Artes são classificadas como parte de um conjunto relacionado à comunicação e à linguagem, ou seja, confirmando a tendência a reduzir a Arte a "meio de comunicação" (CNPQ, 2010b e 2010c).

Essa repetição confirma essas categorias e fortalece as concepções que divorciam a subjetividade da produção do cotidiano.

Efetivamente, tanto a Filosofia, como a Arte e também a Cultura de Projeto deveriam ser tidas como áreas de conhecimento autônomas, dotadas de métodos, abordagens, problemas e procedimentos próprios, independentes da epistemologia científica consagrada pela confluência entre Filosofia Analítica e Positivista.

Após um período em que os inovadores em Arquitetura e Urbanismo propuseram diversas vezes que o projeto deveria ser convertido em ciência ou, pelo menos, operado enquanto ciência, emulando métodos científicos, procurando construir teses validadas pelo método experimental e disseminando seus achados segundo os circuitos das ciências, esse projeto é abandonado em favor de uma abordagem culturalista de projeto, que se reconhece como uma força no tecido social (VASSÃO, 2007a). Arquitetos, como Yona Friedman, falaram de uma "Arquitetura Científica" (FRIEDMAN, 1973, 1979), enquanto outros, como Buckminster Fuller e Frei Otto, propuseram métodos operacionais de extrema originalidade, mas acreditaram que, enquanto não os convertessem em sistemas de conhecimento científico, eles careceriam de validade frente à sociedade industrial e tecnológica em que viviam (FULLER, 1975; OTTO, 1973, 1979). Se isso efetivamente é verdade, é porque a epistemologia e a ontologia positivista se impõem sobre todas as áreas de conhecimento, e não porque os achados de Friedman, Fuller e Otto eram deficientes ou inaplicáveis.

5.2 Arquitetura Livre

Minha proposta, para uma postura ética frente à questão do projeto da **Complexidade**, é a de retomar essa noção ampla e autônoma da dimensão produtiva da vida humana, denominada desde a antiguidade como **Arte**, e reconhecer elementos da filosofia, da estética, da poética e mesmo das ciências e tecnologia que possam ampliar essa autonomia, libertá-la de um campo de ação restringido pelas práticas intelectuais e profissionais determinadas pelas categorias do Positivismo e do Romantismo.

Proponho que essa abordagem liberta de **projeto** seja denominada "Arquitetura Livre". Ela é uma abordagem de projeto que reconhece a dimensão inescapavelmente subjetiva da criação e proposta, e não toma a ciência como única forma de conhecimento válida, mas sim reconhece a imensidão de práticas de produção e conhecimento, dentre elas a ciência.

Arquitetura

Escolhi o termo "Arquitetura", e não "Design", exatamente por estar denominando o projeto de entidades complexas: o termo "Arquitetura" é utilizado de maneira generalizada sempre que se esteja aludindo às dimensões quase-ontológicas do que se está analisando ou projetando. Fala-se de "Arquitetura" ao mencionar-se os fundamentos para uma área de conhecimento, em especial, a filosofia e a matemática, desde a antiguidade (ABBAGNANO, 1998). Mas, em muitas outras áreas, das ciências, da Engenharia, da Tecnologia, da Medicina e Biologia etc., fala-se de "Arquitetura" como o conjunto de elementos estruturais que fundamentam a articulação dos objetos ali contidos.

Exemplos dessa utilização são expressões como a "Arquitetura de Produtos", utilizada na Engenharia industrial para denominar a configuração geral de um produto como uma coleção racionalmente ordenada de componentes modularizados, a qual pode ser submetida a alterações e dar suporte a variações de composição – em particular, ela se aplica às indústrias automobilística e da computação. Cada produto ou modelo produzido industrialmente seria expressão de uma "Arquitetura de Produto", a qual permite a terceirização da produção (*outsourcing*) e que os componentes sejam intercambiáveis – ou seja, que os complexos industriais do mundo contemporâneo, que operam por produção distribuída em múltiplas localidades e empresas terceirizadas, seja possível e rentável (SAKO, 2003; TAKEISHI; FUJIMOTO, 2003).

"Arquitetura" denomina a coleção de entidades que conformam um "Sistema" e os dois termos chegam a ser utilizados como sinônimos em alguns contextos.

O que importa é que, por "Arquitetura", não entende-se apenas o projeto de edificações ou a relação destes com o contexto urbano, mas também, e de maneira muito disseminada, fala-se de "Arquitetura" como o **nível de abstração** que precede, controla, viabiliza e/ou fundamenta outros níveis, em especial os da ação mais prosaica. Em webdesign e comunicação visual, a "Arquitetura da informação" é a atividade de determinação das taxonomias e categorias que ordenarão a informação, enquanto o "Design da informação" parte dela para compor meios de expressão da informação em questão.

A **Arquitetura** seria o objeto ou ação de construir o campo de ação, o **Espaço** de projeto, o contexto no qual e como o **Projeto** poderá ocorrer. Produzir a **Arquitetura**, em seu sentido de **Sistema** e/ou **Entidade Complexa Fundamental** – e não apenas, ou espeficicamente, da edificação –, seria a ação do **Metadesign**.

Liberdade

Mas há uma diferença crucial entre o Metadesign "ordinário", aquele que descrevi nos capítulos anteriores, e o Metadesign vinculado a uma noção consciente de **Liberdade**.

Existem três compreensões da Liberdade pela filosofia: (1) **Autodeterminação**, ou seja, liberdade absoluta e desprovida de limites – **liberdade infinita**. Em geral, concebida como atividade de construção do **eu**, provavelmente de maneira racional. Ou seja, especificamente humana e racional. Em outros casos, aceita-se a possibilidade da liberdade infinita como expressão da vontade, não necessariamente racional. (2) **Necessidade**, ou seja, submissão a critérios que em muito superam o ente que se diz liberto. Liberdade como realização de uma determinação transcendente – para ser liberta a pessoa ou comunidade deve compreender o modo como a realidade está construída, suas potencialidades e limites, e operar de acordo com eles. Ou seja, a Autodeterminação como consequência do domínio de si em função do conhecimento de uma ordem transcendental. (3) **Possibilidade**, ou seja, a escolha frente a uma realidade provida de alguns limites, mas que ainda permite algumas escolhas efetivamente livres, sem uma determinação transcendental – **liberdade finita** (ABBAGNANO, 1998).

Essas três acepções da palavra Liberdade são bastante conflitantes entre si, e foram longamente debatidas, adotadas e rechaçadas durante a história da filosofia, com consequências para a construção da sociedade, os sistemas políticos e econômico-produtivos. A Liberdade como **autodeterminação** seria a compreensão mais ampla e fundamental, mas é muitíssimo criticada, dado que certamente muitas ações encontram impedimentos óbvios – tanto nas limitações físicas (mesmo que eu queira, eu não posso voar), como na consequências que teriam para as outras pessoas ou comunidades (exercer minha liberdade absoluta pode incomodar bastante meus cocidadãos). A Liberdade como realização, ou seja: confirmação, de uma realidade superior, preexistente, é uma das acepções mais aceitas em círculos religiosos radicais/fanáticos e regimes totalitários, pois indica um modo de agir pré-conformado, cujas barreiras e direcionamentos são vistos como inescapáveis: agir fora desses preceitos teria como consequência apenas o sofrimento. Mas esse modo aparece em muitos outros contextos em que a única "liberdade" seria a de "escolher agir de maneira 'correta'", ou seja, de acordo com preceitos – muitos dos métodos exigem justamente isso de seus adeptos: a liberdade só seria possível de acordo com os procedimentos determinados. A Liberdade como **possibilidade** diz respeito ao debate entre necessidade e possibilidade, tradicionalmente associados à ciência e à arte, respectivamente. A ciência nos dirá o que é imutável e necessário no mundo, as barreiras intransponíveis à liberdade – a arte permitirá explorar o campo que não é determinado e imutável, ou seja as possibilidades de ação efetivamente livre. Aqui estaria uma noção que parece ser aquela do "bom-senso", que equilibra a liberdade absoluta e a liberdade enquanto cumprimento de regras.

Mas, concretamente, as fronteiras entre as três acepções não é tão clara assim, e, se consideradas desse modo absolutamente contemplativo, perde-se a oportunidade de perceber-se que um contexto pode ser liberto em um **nível de asbtração**, enquanto é absolutamente cerceador em outro. Por exemplo: fala-se muito que, no mundo contemporâneo, estaríamos retornando a um modo de vida **nômade**, com vastos e constantes deslocamentos populacionais, viagens cada vez mais frequentes e o aparente abandono da residência fixa. Concretamente, o que está havendo é a implementação da fixação das identidades pessoais e grupais em um estrato tecnológico que não precisa necessariamente do controle territorial para cercear a mutabilidade das identidades e comportamentos: a identidade pessoal, na cidade industrial, estava ligada ao **endereço no território**, enquanto, na cidade informacional ou Pós-industrial, está ligada ao **endereço virtual** dos documentos, registros bancários e tráfego de dados na internet – a vigilância se transfere para outro **nível de abstração** (VIRILIO, 1993b; VASSÃO; COSTA, 2002). Nesse caso, as diversas acepções de liberdade se imbricam: pode parecer ao turista que sua liberdade é absoluta, que pode decidir ir aonde quiser, enquanto ele está apenas cumprindo as determinações mais sofisticadas de uma sociedade de consumo de alcance global; e ainda, pode-se tirar proveito desse contexto de deslocamentos incrementados e construir-se práticas globalizadas de ação artística e ativismo social, como muitos fazem atualmente, ou seja, equilibrando a necessidade e a possibilidade no exercício da liberdade.

No entanto, pode-se recorrer a uma noção mais prosaica de Liberdade, advinda das ciências exatas, denominada "Graus de Liberdade" (*Degrees of Freedom*), que é utilizada em engenharia mecânica para indicar os deslocamentos, movimentos e rotações que um dispositivo ou mecanismo podem desempenhar: um aparato é composto por certo número de peças rígidas, cujas conexões articulam-se de diversas maneiras, com graus maiores ou menores de liberdade. Uma conexão em bola-e-soquete, como a da articulação entre os ossos do fêmur e a bacia, tem um grau de liberdade a mais que a conexão em dobradiça, como entre os ossos dos dedos – a primeira articulação oferece dois graus de liberdade (duas dimensões), enquanto a segunda oferece apenas um (uma dimensão de rotação). Pode-se, ainda, associar-se duas articulações de um grau de liberdade (duas dobradiças) para atingir-se graus maiores (como na chamada "junta universal"). Em um entendimento prosaico, pode-se afirmar que, quanto maior for o número de articulações/conexões mecânicas, maior será a liberdade de movimento de um aparato (PENNESTRÌ *et al.*, 2005). Como havia comentado, em cibernética, a complexidade é uma função do número de entidades de um sistema: quanto maior for o número de componentes, maior será a complexidade. Nesse sentido, haveria uma correlação entre **Complexidade** e **Liberdade**: à medida que a complexidade de um sistema, contexto, produto, serviço, espaço, ambiente etc., cresce, maiores são as possibilidades de movimento, de manipulação do sistema em diversos sentidos; as possibilidades se multiplicam e abrem-se à ações não necessariamente previstas, ou sequer previsíveis, por quem compôs o sistema inicialmente. Eu havia detectado essa relação entre **Mobilidade** e **Liberdade** em minha pesquisa a respeito da Arquitetura Móvel, que também suscitou meu envolvimento com o Metadesign: a produção industrializada de peças pré-fabricadas para a composição de edifícios tende a ser mais variada, mais liberta, à medida que o número de componentes e regras de composição aumenta, ao ponto de ser impossível determinar-se um conjunto coeso de tipologias construtivas (VASSÃO, 2002, 2007a). Operar-se o Metadesign pode ser um modo de detecção e manipulação das possibilidades e oportunidades oferecidas pela complexidade, em especial, no que diz respeito à **Liberdade** de ação do designer, arquiteto, urbanista ou artista (Figura 5.1 – *Tetrafield*).

Mas, além das noções estabelecidas historicamente pela filosofia e pelas ciências exatas, a **Liberdade de produção e de criação**, tem ainda vínculo com as referências filosóficas e artísticas da Fenomenologia, da Teoria Crítica, do Pós-Estruturalismo e do Situacionismo: para libertar-se dos grilhões das categorias Romântico-Positivistas, a ação de projeto se aproxima da Arte em seu sentido amplo, e envolve a alteração das relações produtivas frente ao **Corpo**, às **Comunidades** e ao papel social do **Projeto**.

Para superar a noção Instrumental de Projeto, é preciso superar as restrições impostas pelo Romantismo à Arte e pelo Positivismo à Ciência e à Tecnologia.

Figura 5.1 – Sistema estrutural de arquitetura móvel *Tetrafield* desenvolvido por Caio Vassão (VASSÃO, 2002). Sistema de peças serializadas para a composição de edificações temporárias, baseado nas propriedades estruturais do tetraedro compondo "campos" de malhas estruturais. A coleção de peças e suas regras de montagem promovem algumas formas de edificação – mais ágeis efêmeras e dinâmicas –, assim como dificultam outras – mais estáveis, duradouras e rígidas. Sistemas de arquitetura produzida industrialmente operam pela imposição de um "espaço de possibilidades".

6

Corpo

6.1 Fenomenologia e ecologia

O acoplamento Corpo/ Tecnologia pode ser mais bem compreendido pela noção de "Ferramenta", indo além da noção restrita de "Instrumento".

A dicotomia entre **Corpo** e **Mente** é um elemento cultural dos mais duradouros. Desde a antiguidade, a compreensão de que a mente, ou a alma, é algo distinto do corpo, incorre em toda uma visão de mundo baseada em oposições dicotômicas, inicialmente entre corpo e alma, depois entre matéria e mente. Essa dicotomia perpassa ainda todo o vocabulário, os métodos e os objetos das ciências e também de boa parte da filosofia, chegando a impedir que sequer se fale de um mundo em que ela não exista (SEARLE, 2006). Ao mesmo tempo, muitas das tentativas de fugir dessa dicotomia acabam por ceder a uma visão ainda mais idealista de mundo, em que o corpo seria apenas a realização dos desígnios da mente (VASSÃO, 2007b).

Merleau-Ponty trata a questão do Corpo de um modo bastante diverso: a percepção seria um dado do Corpo, e não de uma mente incorpórea. A fenomenologia da percepção trata do processo em que o Corpo faz a si mesmo à medida que cresce imerso em um ambiente do qual faz parte, além de tudo o que denominamos "cultura", aí inclusa a tecnologia, os produtos de uso, a linguagem – a produção desses itens seria algo inerente ao cotidiano em que participamos. Merleau-Ponty tenta desfazer o divórcio entre mente e corpo também reatando o indivíduo ao seu ambiente, indicando que a formação da mente ocorre apenas em um complexo de relações de muito dinamismo (MERLEAU-PONTY, 1996, 2006). A mesma operação é feita por Gregory Bateson, quando nos diz que um ente não pode ser isolado de seu ambiente sem que sua identidade seja profundamente alterada, e diz que a própria "mente" é um dado ambiental, parte do ambiente. Ele nos diz que a mente, assim como a percepção se faz a partir de uma "Ecologia" de relações, e que sua emergência é função do grau de complexidade do ambiente. Bateson relaciona os diversos estratos em que pode-se considerar a **Ecologia** em um mesmo contínuo: natureza, cultura, tecnologia, percepção e cognição (BATESON, 2000). James Jerome Gibson ainda propõe que toda a percepção ocorre de modo "ecológico", pela composição de complexidades em "perceptos", sempre em um ambiente do qual o ente faz parte, participa ativamente. Um de seus conceitos mais difundidos é o de *affordance*, utilizado em ergonomia antropométrica/mecânica e ergonomia cognitiva, que indica a possibilidade de uso e apropriação de um artefato (SMITH; CUMMINGS, 2006).

Um dos modos mais comuns de lidar-se com a percepção desse modo "incorpóreo", dualista ou dicotômico é aquele característico do "Cognitivismo", a coleção de teorias e áreas de conhecimento que compreendem a mente humana como um processo sustentado por um equipamento biológico, como um programa que "roda" em um computador – reproduzindo a relação entre **software** (alma, mente, linguagem, arte, cultura) e **hardware** (carne, corpo, tecnologia, produtos, cidade), entre **processo** e **suporte**. O cognitivismo mantém a dicotomia entre alma e corpo, e apenas a atualiza com os métodos e vocabulário da ciência moderna, com enorme aplicação em diversas áreas – em particular para o **Design de Interação**.

Autores como Merleau-Ponty, Bateson e J. J. Gibson recusam o cognitivismo, e insistem que a percepção se faz à revelia do que a razão possa dizer dela. Concretamente, o **Corpo** é parte integral de uma **Ecologia**, e não pode ser compreendido, ou sequer compreender-se, divorciado dela. Entre mente e corpo, não há uma relação de processo e suporte, mas de identificação: são a mesma coisa, ou pelo menos, parte da mesma coisa – o **Corpo**.

Neste sentido, o Corpo é o concreto, a realidade última. Os objetos da razão são construções cognitivas que se fazem a partir da percepção imediata, e gradualmente vão se tornando complexos, e a partir de certo ponto podem ser tomados como elementos independentes de sua origem, como que divorciados daquela realidade fundamental do Corpo.

Por exemplo, concretamente, a "matéria" como compreendida pela ciência – átomos, moléculas, física dos materiais etc. – é uma coleção de imagens, conceitos, modelos e práticas de laboratório e de disseminação da ciência. A "matéria", como se apresenta a nós pelo Corpo, é uma extensão de nós, de nossa sensibilidade, hábitos e cultura. A construção do conceito científico da "matéria" é a construção de uma abstração, que se inicia com aquela percepção imediata da própria matéria pelo Corpo, e se desenvolve como a percepção imediata dos objetos abstratos que a representam – imagens de microscópio, modelos de moléculas, livros-texto de física e química etc. É nesse momento que é bastante comum tomar essas imagens abstratas como substitutos válidos para a própria matéria, e começa-se a desvincular, do ponto de vista cognitivo, esses conceitos do Corpo – eles chegam a ganhar autonomia cognitiva e passam a ser classificados como realidade última ou fundamental, mesmo que sejam apenas representações temporárias da ciência. No Capítulo I, "Abstração", discuti essa noção de que a **realidade** é uma construção abstrata – aqui, proponho que essa construção da realidade nunca se desvincula do Corpo, este apenas constrói, cada vez mais, objetos abstratos sempre vinculados diretamente a ele, mas que se referem a entidades cada vez mais distantes da percepção imediata.

Recorrendo novamente ao diagrama em que vemos as múltiplas camadas de complexidade sobrepostas da biologia, iniciando-se nos átomos e chegando aos ecossistemas, pode-se dizer que tudo ali, com exceção da escala de percepção do próprio Corpo, é abstração. A concretude dessa abstração é a coleção de imagens, modelos, diagramas, textos, tabelas, discursos que se referem aos objetos abstratos representados – estes são objetos concretamente percebidos por nós, pelo Corpo.

Nesse sentido, não há dicotomia entre **abstrato** e **concreto**. As criações da tecnologia seriam entidades concretas que operam referências a abstrações: representações são parte da realidade, e não estão em algum plano de realidade paralelo, referindo-se ao mundo a partir dele, como que desvinculada dessa realidade. Diagramas são entidades vivas e ativas, no sentido que estão vinculados aos corpos que os criaram e os operam diariamente. Todos participam de uma **Ecologia**.

Recortes, representações e princípio *Boostrap*

Isso não impede que sejam feitos recortes da realidade, pois, pode parecer que, se não podemos desvincular um objeto de seu contexto, não podemos sequer ver ou perceber "objetos", tudo faria parte de um contínuo indiferenciado. Mas não é isso que fazemos.

Concretamente, a percepção já opera um relacionamento que é um recorte: o isolamento de uma entidade de seu ambiente, a "abstração", ocorre sempre que a percebemos como uma "unidade" diferenciada de seu contexto. Se posso resumir a contribuição dos autores selecionados aqui, para essa questão em particular, o importante é reconhecer que essa diferenciação é um "ato", uma ação movida pela subjetividade, e está sempre aberta à reinterpretação – não existiriam "objetos definitivos", mas sim aqueles que nós construímos para fins e em contextos específicos.

Assim, se iniciamos nossa jornada de percepção e produção pelo Corpo, e nunca o abandonamos, como seria possível falar de "projeto de entidades complexas"? Como podemos propor qualquer projeto que envolva entidades abstratas que não estão imediatamente acessíveis ao corpo?

Para iniciar a resposta, é necessário mencionar que todos os sistemas de representação são, antes de tudo, acoplamentos entre nosso corpo e mundo em geral: olhar pelo microscópio, ou telescópio; traçar uma planta no papel-manteiga; construir um modelo ou maquete de madeira e papel; operar um aplicativo de CAD por meio da interface gráfica do usuário. Seria também atividade do Metadesign, agora contaminado pela Arquitetura Livre, manipular esses acoplamentos. Alterar os meios de representação já é alterar a própria construção dos objetos de projeto – o que, certamente, terá consequências para o próprio resultado de projeto. Se, hoje em dia, parece que há "modos ótimos" de projeto, tendendo para a mediação do computador para o desempenho de todo e qualquer tipo de projeto, um grupo de designers pode decidir conscientemente não utilizar o computador e, com isso, propor projetos dotados de objetos diferenciados apenas por essa escolha.

No entanto, mais fundamentalmente, é importante recorrer a um conceito advindo da física contemporânea, uma noção *"Bootstrap* de Projeto". A Arquitetura Livre parte do princípio de que a ciência é um fenômeno social, e envolve-se com a sociedade – politicamente, economicamente e – o mais importante – epistemicamente (é parte das crenças estabelecidas em um certo momento histórico) – e assim, não pode ser a baliza fundamental exclusiva ao processo de projeto e proposição criativa, e sim mais um de seus componentes.

Mas, mesmo na ciência contemporânea, aceita-se a ideia de que não há baliza fundamental: o físico Fritjof Capra aborda a questão da complexidade por meio do método denominado *Bootstrap* (CAPRA, 1990). Também utilizado em informática, essa abordagem é utilizada para descrever como um sistema complexo se funda em outro consideravelmente mais simples, que o sustenta – outro sistema poderia ser fundado sobre o segundo, e assim por diante, em passos sucessivos. Capra menciona o uso dessa abordagem na física contemporânea, proposta por Geoffrey Chew na década de 1960 – a respeito da constituição da matéria e da energia em micropartículas –, e afirma que é possível explicá-la sem fazer referência a um nível "mais profundo de realidade" – o que denomino "**nível de abstração** inferior".

> [...] Segundo a filosofia bootstrap, a natureza não pode ser reduzida a entidades fundamentais, como elementos fundamentais da matéria, mas tem de ser inteiramente entendida através da autocoerência. [...] Essa ideia [...] é a culminação da concepção do mundo material como uma teia interligada de relações [...] Nenhuma das propriedades de qualquer parte dessa teia é fundamental; todas elas decorrem das propriedades das outras partes do todo, e a coerência total de suas interrelações determina a estrutura da teia. (CAPRA, 1990, p. 87.)

Um dos conceitos que me motivou a adotar os **níveis de abstração** em Metadesign foi exatamente a abordagem *Bootstrap*, que indica a relativa independência entre os "níveis de realidade", como Capra os chama. Sendo que o princípio da **emergência** em que um nível de abstração não pode ser reduzido a outro já é levantado por Capra como inerente ao princípio *Bootstrap*. Essa relativa independência entre os níveis de abstração não implica que eles possam ser destacados entre si, mas que podem existir mútuas influências entre os níveis – por exemplo: a vontade de um ser humano pode se impor sobre as células de seu corpo, assim como estas podem impedir, em algumas situações, que a vontade se realize. O físico propõe que a abordagem *Bootstrap* seja tomada como fundamento metodológico para outros campos científicos, em especial as ciências da vida, biologia e medicina (idem).

Capra insiste em uma equalização entre várias áreas de conhecimento no tocante a importâncias ou fundamentos, um *Bootstrap* da própria epistemologia. No entanto, nos parece que lhe escapa a conclusão da mera possibilidade do método *Bootstrap*: qualquer empreendimento epistemológico nasce do seio da sociedade e está, antes, representando a sociedade (a cultura) em que nasce, e apenas depois, o fenômeno explicado.

A Arquitetura Livre desenvolve-se a partir de uma abordagem *Bootstrap*: o **projeto** pode apenas tratar de parcelas da realidade, e nunca totalizá-la. Em outras palavras, essa extrema interconexão entre Corpo, sistemas de representação, tecnologia, sociedade e cultura pode apenas indicar que todo **projeto** é "incompleto": ele trata de um recorte que foi possível de ser realizado por um indivíduo ou grupo em um determinado contexto. O importante é reconhecer essa imersão em uma "Ecologia maior".

Voltarei a essa noção de "projeto incompleto" mais adiante.

6.2 Instrumento e ferramenta

Outro conceito proposto por McLuhan foi o de que os meios de comunicação, tecnologias, meios de produção são, de algum modo, extensões do Corpo. Eles passam a existir como extensões de competências corpóreas preexistentes: o pneu do automóvel seria a extensão dos nossos pés e pernas. Por um lado, a criação e implementação de uma tecnologia, uma nova "extensão", incorre em atrofiar a parte do corpo ou competência corpórea que desempenhava aquela tarefa ou função. Mas, por outro lado, McLuhan afirma que, concretamente, nossos corpos não terminam nos limites da pele, mas se estendem às tecnologias e meios de comunicação e produção que utilizamos. O pensador chega a afirmar que os meios de comunicação eletrônicos estendem o sistema nervoso para a escala global – promovendo uma retomada de uma sensibilidade aborígene, sinestésica, dado o imediatismo da percepção de fatos não locais –, sendo essa acepção original da famosa expressão "aldeia global" (MCLUHAN, 1964, 1969, 1972).

Segundo o modo formalista de pensamento, promovido pela chamada Filosofia Analítica, que os pensadores da Escola de Frankfurt denominam "Lógica Instrumental", a tecnologia, os meios de comunicação e produção são apenas instrumentos produtivos, utilizados à revelia de sua constituição e "desvios" (*bias*, ver Capítulo 4) – é a simples intenção de quem os manipula que cria os resultados, os fins, determinados: crença que pode ser resumida no ditame "a tecnologia pode ser boa ou má, depende do uso que se faz dela". Tanto McLuhan, como Innis, Deleuze, Guattari, Latour, Bateson, Gibson etc., não poderiam discordar mais: as tecnologias se entranham em nossas vidas, e alteram profundamente nossa percepção do mundo, assim como nossos modo e campo de ação criativa. Estamos concretamente imersos em um ambiente, em uma **Ecologia**.

Pode, novamente, parecer que não haveria muita possibilidade de ação, dada a complexidade e a inevitabilidade dos processos de mediação que os objetos abstratos nos impõem. E, realmente, a complexidade pode acabrunhar quem decide envolver-se com criatividade e projeto. Mas, em geral isso decorre de uma necessidade autoimposta de totalizar as questões envolvidas, em resolver do ponto de vista cognitivo a imensa complexidade disponibilizada pelo mundo contemporâneo. A solução da Lógica Instrumental é a **especialização**: recortes específicos e estanques, em disciplinas profissionais que permitam que a complexidade seja debelada pelo seu desmanche em pequenas questões isoladas. Mas, como levantei anteriormente, esse reducionismo acaba por mutilar as coisas, e não apenas simplificá-las.

Haveria outra opção que envolve aceitar a dimensão corpórea dos conceitos e entidades de que fazemos uso, mesmo aqueles que nos parecem totalmente incorpóreos e abstratos. Primeiramente, a despeito de todo o discurso quanto à globalização, à perda de importância para o local e para o contexto, dada a generalização ou universalização de uma lógica global, é muito importante reconhecer **onde estamos**. Isso não significa abraçar uma lógica local, no sentido de étnica, das expressões nativas ou legítimas como expressão de um povo ou cultura – isso também é uma construção ideológica ligada às sociedades da informação: selecionar aquilo de que você gosta ou que vê-se obrigado a adotar porque é parte de "minha cultura", ambos são manifestações do cardápio de estilos do capitalismo avançado. Mas, sim, é importante reconhecer sua própria história, sua formação e seus relacionamentos. Esse reconhecimento é corpóreo: por onde você esteve?

Em segundo lugar, é importante compreender a tecnologia, os meios de comunciação e de produção como **ferramentas**, e não como **instrumentos**. Deleuze e Guattari propõem que conceitos e abstrações sejam tomados como "ferramentas abstratas", diferenciados do idealismo que vê neles denominações definitivas: expressões de uma "verdade absoluta". Esses pensadores viam a filosofia e, principalmente, suas próprias obras como uma "caixa de ferramentas", e não tanto como determinações de modos "corretos" de se pensar – uma coleção de entidades abstratas que se acoplam à sua percepção e cognição, de modo a permitir operações de tipo, modo ou propósitos variados.

A **ferramenta** é participativa, interativa, parte de um agenciamento concreto. Eu me acoplo à ferramenta, e minhas possibilidades de ação dependem desse acoplamento. Isso é válido para a ferramenta entendida como "martelo" e também como "diagrama", ou ainda como Metadesign. Tudo depende de como nos permitimos acoplar: se permitimos que a entidade se revele para nós e a aceitarmos em sua concretude e alteridade – ou seja, aquilo que não prevemos de início, aquilo que emerge do próprio acoplamento –, estaremos frente a uma ferramenta.

Já o **instrumento** é um meio para a realização de algo, de acordo com premissas e objetivos predeterminados. Tudo depende de como nos acoplamos: se exigirmos que a entidade se comporte de acordo com uma especificação normativa, que ela atenda às demandas exógenas de um *standard*, estaremos usando um instrumento.

A **ferramenta** se entranha em nós, e nós nela. O **instrumento** coloca-se pelo "contato", um aparato distinto e explicitamente desacoplável. O **instrumento** envolve sujeição, enquanto a **ferramenta** implica a participação, a alteridade e a emergência de situações imprevistas.

Máquinas mecânicas e máquinas abstratas

Falei de como é inevitável a subjetividade, mesmo nas ciências. Mas, o que dizer da inexpressividade dos produtos industriais ditos "massificados", da ausência estética dos produtos da engenharia, da aridez e da inacessibilidade da tecnologia antes de sua adequação ao contato humano, por meio da ergonomia e do **design centrado no usuário**?

Primeiramente, é necessário dizer que o pensamento positivista e instrumental se faz exatamente pela redução da subjetividade em prol da objetividade. Esse não é um procedimento iniciado pelo Positivismo no século XIX, mas certamente encontra nesse momento histórico, na Revolução Industrial, sua implementação mais disseminada: as exigências de objetividade pela Lógica Instrumental implicam excluir a subjetividade. Ou seja, se vemos certa ausência de expressão nos produtos industriais alheios ao Design, à Arquitetura e à Arte, é porque a subjetividade foi purgada dali. Em segundo lugar, é necessário dizer que o pensamento racional, as ciências exatas e a objetividade instrumental são entidades completamente humanas, e que elas mesmas estariam carregadas de subjetividade, se isso lhes fosse permitido. Como diriam Deleuze e Guattari, os processos de desejo e construção de significado estão em todo lugar (DELEUZE; GUATTARI, 1996). Somos nós mesmos que excluímos a subjetividade porque "ela não se parece com o que se espera da objetividade".

Deleuze e Guattari falam de "máquinas abstratas" e uma "mecanosfera": uma ecologia artificial entrelaçada à natureza (DELEUZE; GUATTARI, 1995b). As **máquinas abstratas** seriam os agenciamentos que fazemos da tecnologia, de nossos corpos e da coletividade, em meio ao ambiente artificial e natural. As "máquinas mecânicas", prosaicas, em seu sentido tradicional – como os "sistemas simples" de Weaver – são, na verdade, máquinas simplificadas, despidas de sua potencialidade de alteridade, de surpreender seu próprio criador.

Ecologia de interação e tecnologia como corporeidade

Para compreender esse contexto da complexidade frente ao **design de interação**, e sua intrínseca relação com o **corpo**, desenvolvi uma abordagem derivada da **Ecologia de Mídias** de McLuhan e Postman. Retomo aqui o conceito que apresentei no Capítulo 4, "Emergência", e volto a levantar os **quadrívios cíclicos**: um aspecto importante do processo de conformação de um novo **nicho de interação** é que a disseminação de um processo de interação depende da experiência direta do dispositivo, produto ou serviço – ou seja, é importante a percepção imediata da interação para que ela possa ser aceita como parte da **Ecologia de Interação**.

O produto, quando se torna parte de nosso universo pessoal interativo, é tomado enquanto ferramenta – apenas o uso normatizado é que o toma como instrumento. Concretamente, a operação de sistemas interativos tende a se conformar segundo a noção de "extensões do Corpo", como levantado por McLuhan, e não como um processo disciplinado de operação.

No entanto, é possível bloquear essa Ecologia de Interação construindo-se produtos ou serviços com alto grau de formalização, tornando-o praticamente inacessível à percepção imediata – ou, melhor colocando, cuja percepção imediata resultaria apenas em uma cacofonia incompreensível.

A acessibilidade à percepção é a primeira condição para a acessibilidade à cognição, que é considerada fundamental para que os processos colaborativos de projeto se estabeleçam. Nesse sentido, tomar o Corpo como principal referência de projeto é fundamental para que a colaboração, o projeto distribuído, seja possível – mesmo em projetos em que, tradicionalmente, o papel do corpo foi considerado menor, como foi o caso do **design de interação**, **interfaces** e **meios interativos**.

O Corpo é um dado inescapável: **somos** o Corpo, não o **utilizamos**. Por isso mesmo, a despeito de todas as previsões de abandono do Corpo em função de meios e suportes mais avançados, adequados ou sofisticados, os sistemas interativos tendem a debruçar-se cada vez mais sobre a interação corpórea (VASSÃO, 2009).

Mas esse avanço tecnológico não abandona o Corpo, ele tende a retomar toda a "herança corpórea" que concretamente produziu a tecnologia: todo nosso aparato tecnológico, nossas ferramentas, meios e produtos carregam a marca de terem sido produzidos por nós, não são invenções de intelectos transcendentais ou descorporificados, mas sim impressões concretas de nossa vida corpórea.

Adrian Frutiger, ao recapitular a história da tipografia, aponta a origem manual e gestual de suas características, como as serifas, que foram posteriormente mecanizadas (FRUTIGER, 1999). E na própria origem etimológica da palavra "grafo", elemento fundamental dos **diagramas** – entidade que vimos ser de uma generalidade ímpar, além de grande importância para o Metadesign – estaria o gesto ancestral de riscar, sulcar uma superfície, que depois tornou-se a grafia da escrita e os grafismos da comunicação visual.

O Metadesign, contaminado pela Arquitetura Livre, reconhece essa herança corpórea da tecnologia nos mais diferentes níveis da produção criativa, e os toma como oportunidades para a acessibilidade perceptual.

O Design pode apropriar-se das múltiplas dimensões Corpo – que já são dadas no cotidiano.

7

Comunidades

A criação nunca é individual – paradoxalmente, mesmo quando ela ocorre no isolamento da individualidade.

7.1 *Patterns* e Software Livre

Em 1987, os programadores Kent Beck e Ward Cunninghama propriaram-se da proposta da "Linguagem de Padrões" (*Pattern Language*) de Christopher Alexander (ver Capítulo 2, "Diagramas"), e a aplicaram em engenharia de software. Assim como Alexander, a intenção de Beck e Cunningham foi envolver diretamente o público usuário no processo de projeto – nesse caso, de software e aplicativos (BECK; CUNNINGHAM, 1987). No entanto, a proposta ganhou grande notoriedade mais pelo sucesso com que permite tratar problemas recorrentes por meio de técnicas decomposição de *patterns*, do que pelo envolvimento do público leigo. Tais *patterns* seriam abstrações das soluções para os problemas levantados, independentemente da linguagem específica em que seriam, por fim, programados. Ao longo das úlitmas duas décadas, a abordagem de *Pattern Language* se disseminou com grande sucesso pela comunidade de programadores, exatamente porque permite trabalhar os problemas e suas soluções por meio de padrões aproximados, ainda acessíveis cognitivamente ao programador, independentemente de seu nível de conhecimento – ampliando as vias de colaboração entre profissionais dos mais diversos estratos (GAMMA *et al.*, 1995; GAMMA 2005). Mais recentemente, o termo ganhou notoriedade e muita aplicação em áreas associadas à programação de computadores, e retornou à Culturade Projeto pela via do Design de Interação – existem muitos *patterns* dedicados a esta área de projeto.

Os *patterns* são considerados atualmente um modo muito acessível de compartilhar-se soluções de projeto de modo ágil e colaborativo. O interessante é que a abordagem envolve a abstração absolutamente ingênua: são muito comuns as metáforas, analogias, simplificações e reduções – sempre com um baixo grau de formalização, utilizando-se, em geral, notação diagramática e/ou verbal sem referência direta a linguagens de programação específicas (idem).

Princípios e disseminação do Software Livre

Na seção, "*Processos colaboratrivos*", no Capítulo 4, comentei a origem do chamado "Software Livre". Um aspecto fundamental é que seus princípios de conformam como **Regras**, ou seja, **Procedimentos**, que podem ser facilmente compreendidos e aplicados pelos programadores, ativistas e empreendedores. Como proposta por Stallman, o "Software Livre" baseia-se em quatro "liberdades":

Liberdade o: Liberdade de rodar o programa para quaisquer finalidades;

Liberdade 1: Liberdade de estudar o funcionamento do programa e adaptá-lo para as suas necessidades. O acesso ao "código fonte" é uma pré-condição para isso;

Liberdade 2: Liberdade de redistribuir cópias de maneira a ajudar seu vizinho;

Liberdade 3: Liberdade de aprimorar o programa, e distribuir seus aprimoramentos para o público, de maneira que toda a comunidade se beneficie. O acesso ao "código fonte" é uma pré-condição para isso. (FREE SOFTWARE FOUNDATION, 2005.)

Nota-se a insistência quanto ao "acesso ao 'código fonte'" (*source code*): atualmente, um programa é redigido em uma linguagem dita "superior", similar à linguagem escrita e distante da chamada "linguagem de máquina", a qual é efetivamente rodada pelo computador – o programa em linguagem superior, acessível cognitivamente ao programador, é "compilado" ("convertido") em linguagem de máquina para que possa ser rodado; a partir desse momento, a listagem do programa em código de máquina é completamente incompreensível, inacessível a seres humanos. O código em linguagem superior é chamado "código fonte" (*source code*). A partir do início da década de 1980, a muito praticada liberdade de distribuir-se abertamente o código fonte passa a ser cerceada em função da recente conversão do software em item de comercialização lucrativa e de consumo de massa – as empresas de software passam a distribuir apenas o código compilado em linguagem de máquina, utilizável pelo computador, mas inacessível ao programador. Em boa medida, a proposta do "Software Livre" por Richard Stallman foi uma reação a essa tendência de limitar-se o acesso ao código fonte (CERUZZI, 1998). E, até hoje, há confusão entre dois movimentos similares, mas muito diferentes: o *Open Source* defende o simples acesso ao código fonte – para a promoção da disseminação dos conceitos por trás das soluções, mas não a disseminação de uso do código, em si –, enquanto o "Software Livre" exige o acesso, a alteração e reutilização do código, inclusive para fins lucrativos – promovendo colaboração consequente, ou seja, que possa sustentar empreendimentos baseados no uso de Software Livre.

No entanto, existem dois aspectos que precisam ser elucidados: (a) a acessibilidade do código é fundamentalmente uma de natureza perceptual: a construção das linguagens superiores emula o funcionamento das chamadas "linguagens naturais", ou seja, aquelas que evoluíram como parte da cultura, notadamente menos formais que as ditas "linguagens artificiais" da computação – em outras palavras, o "código aberto" envolve tornar menos, não mais, formal a coleção de instruções que compõem o código, aproximá-la do universo perceptual do **nível de abstração do corpo**, da ecologia humana da qual fazem parte as linguagens naturais; (b) o processo de apropriação é viável justamente porque os objetos de projeto são acessíveis em contextos além do controle de uma normatização muito estrita, que determine detalhadamente as possibilidades de utilização e interpretação dos objetos de projeto.

Nas últimas três décadas, os preceitos e produtos do Software Livre disseminaram-se gradualmente, resultando no desenvolvimento de um dos sistemas operacionais mais utilizados, o Linux, no mais numeroso repositório de informações de livre acesso, a Wikipédia, na disseminação de uma enorme variedade de aplicativos de uso cotidiano, e na adoção de técnicas gerenciais a ele relacionadas em áreas muito diversas – atualmente, um movimento ainda mais radical, o "Hardware Livre", vem ganhando força, e promete questionar o modo como a propriedade intelectual na indústria é controlada e/ou disseminada. Processos colaborativos, ou de "produção distribuída" (traduzo *peer-production* com uma certa liberdade), são amplamente promovidos no meio corporativo para atingir-se inovação radical em curto espaço de tempo e com notável redução de custos (TAPSCOTT; WILLIAMS, 2006).

Por outro lado, as muitas variações do *peer-production* foram atacadas por alguns setores do meio corporativo, movimento acompanhado por ações de incremento do controle das inovações – o principal argumento seria que a produção de conhecimento e inovação é custosa, e exige proteção e restrição de uso para que seja, sequer, viável. Por outro lado, tanto programadores como Richard Stallman e Linus Torvalds (iniciador do Linux), quanto teóricos do design como Bruno

Munari, pronunciaram-se veementemente sobre o princípio geral da produção de conhecimento e criatividade: a **apropriação**. O mesmo princípio se aplica tanto em tecnologia quanto em design e Arte: o "novo" sempre parte de entidades preexistentes – é sua combinação que é inovadora, pois configura-se em uma originalidade que não estava presente nas partes iniciais (TORVALDS, 2007; MUNARI, 1998). Em programação, a acessibilidade do código fonte é condição para a apropriação – em design, na *Culturade Projeto*, a acessibilidade à conformação dos objetos de projeto é essa condição. A recorrência dos *patterns* como meio de fazer circular os objetos de projeto é um indício da acessibilidade à percepção como um fator fundamental para a apropriação.

Arquitetura Livre e seus princípios adaptados do Software Livre

Proponho uma releitura e uma ampliação dos princípios de Stallman, para que possam ter aplicação em áreas não restritas ao Software Livre:

(1) **Acessibilidade cognitiva** – não é o código de máquina que viabiliza o Software Livre, é o acesso ao código fonte que permite a compreensão de um programa e sua alteração. Parte importante do Metadesign e da Arquitetura Livre é promover essa acessibilidade.

(2) **Compartilhar componentes** – o que uma comunidade ou indivíduo criam pode ser muito útil ou interessante para outros. A comunidade que a criou não poderá determinar todos seus possíveis usos e aplicações. A apropriação deve ser liberta de uma pré-configuração que a capture e restrinja. Os objetos também devem ser libertos, mesmo que seja de seu próprio criador.

(3) **Formação de comunidades** – os projetos de Software Livre envolvem a emergência autodeterminada de comunidades. Mesmo que a entrada de grandes empresas de software nesse campo possa ter abalado essa tendência, os grandes projetos de Software Livre ainda são capitaneados por comunidades que contam com lideranças "fracas", que **ativam** mais do que **determinam**.

(4) **Reputação e reconhecimento** – a indicação da genealogia de uma peça de software – o trajeto conceitual, produtivo, criativo, sob o qual se desenvolveu – envolve atribuir reputação e reconhecimento público aos atores envolvidos, para que se garanta a coesão da comunidade sem que se estimule o pensamento unívoco. Mesmo que ocorra a completa subversão de uma proposta, sua genealogia e filiação serão perceptíveis.

No entanto, os princípios que discuti até agora requerem que mais um princípio seja colocado:

(5) **Corpo como principal referência de projeto** – A acessibilidade cognitiva começa na percepção. Isso implica manter-se abertas as caixas-pretas dos sistemas informacionais à percepção imediata. E as propostas devem, de alguma maneira, responder: "como o Corpo participa do processo?" O *bias* instrumental do Metadesign deve ser contrabalançado pelo primado da percepção, do corpo, da informalidade.

Mesmo em projetos nos quais, tradicionalmente, o corpo não seria a referência fundamental – como no Design de Interação e de Interfaces – seria crucial relacionar-se com a concretude inerente ao corpo. Um procedimento geral para isso é que a experiência concreta com as entidades do projeto são a via mais legítima de se promover a colaboração, nem que seja em seu estágio mais inicial: a aceitação daquela entidade em nossa **Ecologia de Interação** pessoal.

7.2 Objeto complexo e objeto pós-complexo

A ascensão da Computação Ubíqua impõe uma tal complexidade ao ambiente urbano, que este ameaça tornar-se uma entidade inteiramente alheia à nossa capacidade cognitiva de compreensão e ação.

A solução **instrumental** tem sido o incremento dos grilhões formalistas: mais e mais documentação especializada, especialização e compartimentalização dos conhecimentos em uma miríade de disciplinas que não param de se multiplicar.

Proponho que a solução **ferramental** seria "abrir a caixa-preta", reconhecer que existem inúmeros **objetos complexos** no mundo contemporâneo, e procurar por meios de torná-los mais acessíveis em termos perceptuais e cognitivos.

Do ponto de vista do Metadesign "ordinário", o **objeto complexo** é um fato incontestável e intrínseco ao universo do capitalismo avançado, e envolve a modularização de sistemas, componentes e sua articulação. Já, do ponto de vista da Arquitetura Livre, os **objetos complexos** são aqueles que se recusam a converter-se em simples *appliances* (utilitários); recusam-se a operar apenas da maneira normatizada. Eles mantêm-se sempre abertos a outras funções, a outras apropriações.

E, segundo a noção de que se pode projetar também o contexto de projeto, por meio do Metadesign, um **objeto complexo** também pode ser o agenciamento de uma comunidade: Como fomentar tipos interessantesde relações profissionais e pessoais? Como promover encontros frutíferos? Do ponto de vista do Metadesign "ordinário", compor uma comunidade é compor uma equipe de trabalho, com funções determinadas, mesmo que multidisciplinares e difusas. Para a Arquitetura Livre, é viver em comunidade exercitando uma propensão à constante proposta criativa e ao questionamento das ordens instituídas, das regras tácitas, dos códigos imanentes às próprias organizações, instituições e corporações.

Objetos complexos, sociedade industrial e informacional

Exemplos prosaicos de **objetos complexos** são os inúmeros produtos que se apresentam sob a forma de "*kits* de montar", em geral acompanhados de farta bibliografia e indicações de conexões sociais para expandir os conhecimentos quanto às dificuldades técnicas e oportunidades criativas. Desde a emergência do que chamamos "computador pessoal", essa é uma modalidade de objeto complexo que teve maior impacto sobre a instauração inicial de novos nichos de interação. O primeiro computador pessoal, o Altair, foi lançado no mercado como um *kit*; sendo, em seguida, convertido em objeto de intensa experimentação: gradualmente, um conjunto muito amplo e variado de amadores desenvolveram uma miríade de periféricos, componentes e software que expandiram brutalmente sua funcionalidade. Essa comunidade efetivamente construiu o nicho de interação que reconhecemos como "computação pessoal", inteiramente à revelia da ação de alguma corporação, instituição governamental, de pesquisa ou ensino (CERUZZI, 1998).

Atualmente, o formato *kit* tem na placa microcontroladora, *Arduino* seu exemplo mais pujante da atualidade: um computador compacto, programável, leve e versátil – distribuído como peça de Hardware Livre, um autêntico exemplo dos preceitos da Arquitetura Livre em operação. A *Arduino* é apropriada por muitos artistas, programadores e experimentadores para a montagem de instalações de arte interativa, sistemas de controle de *vending machines*, veículos, brinquedos, dentre variadíssimos usos e aplicações. Esse produto é ainda uma porta de entrada em uma comunidade de alcance global que opera uma modalidade interessante de "prototipagem": seus protótipos são peças funcionais que já são comercializadas, abole-se a diferenciação entre protótipo e produto final. E, em muitos casos, os produtos derivados da Arduino e congêneres são, eles próprios comercializados como *kits* abertos à experimentação.

Outra modalidade absolutamente banal de objeto complexo é a sobreposição entre produtos, serviços e sistemas que caracterizam o consumo na sociedade dita informacional.

Exemplos são os chamados *information appliances*: desde os analógicos e/ou químicos, como aparelhos de som, toca-fitas, câmeras fotográficas, máquinas de fotocópia, dentre outras – são todos exemplos de *objetos complexos* que envolvem: pelo menos um produto produzido industrialmente e de operação relativamente simples e acessível (máquina Kodak, fotocopiadora Xerox, walkman, toca-discos); um fornecimento de consumíveis inerentes à operação do aparelho (filme fotográfico, toner de fotocópia, fitas cassete e discos de vinil); um serviço de suporte, fornecimento e manutenção dos aparelhos e consumíveis (revelação dos filmes, manutenção e abastecimento das fotocopiadoras, complexo de gravação e distribuição de música em fitas cassete e discos de vinil). Cada um dos produtos/serviços citados define um nicho de interação profundamente arraigado em nossa cultura informacional, e contam atualmente com sucedâneos digitais (câmera digital, variado repertório de impressoras digitais, iPod e tocadores de mp3, e lojas virtuais de música, e também sistemas de download de cópias piratas).

O termo *information appliance* foi cunhado por Jef Raskin, um dos pesquisadores mais criativos em computação, participando de inúmeros projetos de destaque, em especial, como o Macintosh. Raskin propôs que computadores poderiam ser muito mais difundidos do que eram naquele momento (1979) e que tudo dependia de como eles seriam construídos perante a percepção e a cognição do usuário. Para ele, o computador seria, antes de tudo, uma ferramenta didática cujo principal assunto seria ela mesma: o ensino de informática e programação (RASKIN, 1979). A expressão *information appliance* foi apropriada pela indústria cultural e convertida em uma multidão de produtos de uso pessoal relacionados à computação ubíqua. Atualmente, os aparelhos de telefonia celular são ainda denominados com esse termo, e também demonstram a sobreposição entre produto (dispositivo computacional de uso pessoal) e o serviço (conexão de comunicação digital).

Patterns e standards

Existe uma tendência para que os *kits* sejam operados de maneira mais aberta, menos determinada, do que os *information appliances*. Estes são apresentados como objetos "simples", mas que ocultam uma tremenda complexidade, enquanto ela está exposta explicitamente nos *kits* – o que, por outro lado, faz estes serem bastante confusos para o leigo ou iniciante. Essa dialética entre "esconder" e "explicitar" a complexidade pode ser trabalhada por meio da aplicação dos *patterns*: reconhecer um *pattern* em um objeto complexo, por mais oculta ou explícita que esteja sua complexidade, torna possível que o usuário, interator ou cidadão possa se apropriar da entidade, que ele encontre um lugar para ela em sua ecologia pessoal.

Mesmo que *patterns* e *standards* sejam traduzidos para a palavra "padrão", em português, existe uma diferença entre eles. Alexander define *pattern* como uma entidade abstrata que se refere ao processo de projeto, composta a partir da emergência de uma forma que pode ser reutilizada – é uma entidade estética que detém caráter suficiente para ser reconhecida e reutilizada. O *standard* é a norma que delimita e homologa propriedades, usos e campos de atuação, determinando como o módulo pode ser aplicado. O *standard* se apropria do *pattern* do mesmo modo que a Ciência Régia se apropria das invenções da Ciência Nômade. Um *pattern* surge como uma tentativa de abstrair aplicações a outros contextos, e mantém-se flexível justamente para poder adaptar-se. Quando um *standard* se estabelece, uma sintaxe se coagula, com regras formais de composição – ele passa a reger o *pattern*, impondo normas que o enrijecem.

Os *patterns* são entidades singulares, em princípio, intransponíveis e atadas a contextos específicos – sua transposição incorre em sua alteração de identidade: mesmo que algo permaneça, muita coisa se altera. Os *standards* operam a normatização para que possa haver a "mobilidade absoluta", a portabilidade total de um conceito, que permite a aplicação de um processo, produto ou serviço de modo regular, sem diferenças perceptíveis. O *standard* opera uma apropriação, e transpõe o *pattern* como um *stencil*, carimbando-o de local em local. As vantagens da configuração modular aproximada que os *patterns* disponibilizam são evidentes, e as organizações, corporações e governos procuram por um mapeamento que os fixe, os coloque em uma lista de possíveis combinações. Os *standards* podem ser compreendidos como o Metadesign formalista, "ordinário", de um espaço de aplicações de *patterns*.

Os *patterns* são abstrações operacionais de objetos, e *standards* são a normatização dessas abstrações. Os *patterns* permanecem acessíveis à percepção e à apropriação, enquanto os *standards* se apresentam em linguagem codificada, em geral inacessível ao leigo ou iniciante. Para que os **objetos complexos** permaneçam acessíveis à cognição e **também** sejam manipuláveis e apropriáveis – que sejam abertos à experimentação –, é importante que eles possam ser compreendidos como *patterns*.

Sistema compacto e *memes* – objeto pós-complexo

Em computação, informática e cibernética, existe a expressão "sistema compacto": **compacto** não porque pequeno fisicamente, mas porque dotado de poucos elementos abstratos. Vimos que o Metadesign permite a composição de taxonomias que permitem reduzir a taxa cognitiva da entidade complexa que é projetada. Nesse sentido, operar o **Metadesign** é o ato de compor **sistemas compactos**. Depois do grande esforço de cognição e manipulação de seus múltiplos componentes, é interessante que a entidade (produto, serviço, sistema interativo) seja apreendida como algo simples, algo compacto.

Se a proposta do **Metadesign** é tornar simples a complexidade, a **Arquitetura Livre** procura garantir que as simplificações não mutilem os objetos ou exijam mutilações dos processos característicos das Ecologias de Interação. Richard Dawkins define *meme* como uma "unidade de transmissão cultural", uma entidade abstrata compacta e reconhecível em um grau suficiente para que seja "contaminante" (DAWKINS, 2001, p. 213-214). Se o Metadesign pode construir **sistemas compactos**, então, assessorado pela Arquitetura Livre ele poderia construir *memes*, que são atualmente consideradas um dos fatores mais importantes para a popularização de um novo produto, serviço ou sistema.

Assim, é possível ir mais adiante, na definição de produtos, processos e serviços no contexto da computação ubíqua visto por um Metadesign contaminado pela Arquitetura Livre. Haveria um "objeto pós-complexo": uma **caixa-preta** para a qual temos a chave, que pode ser aberta ou fechada de acordo com nosso desejo, com os agenciamentos sociotécnicos que emergem circunstancialmente. Essa chave, como vimos, está intimamente relacionada ao fato de a entidade em questão ser acessível ao Corpo, à percepção. Isso tornaria o objeto pós-complexo um bom candidato a uma *meme* que possa circular com mais facilidade pelo meio social.

Ainda é difícil localizar um **objeto pós-complexo.** Mas os candidatos estariam na confluência entre acessibilidade à percepção ao Corpo e à percepção, e na disponibilização enquanto *patterns* flexíveis, abertos à apropriação da coletividade. O **objeto pós-complexo** guarda toda sua história de complexidade, mas é capaz de reduzir-se a uma entidade cognitivamente compacta, apropriável pela cultura do cotidiano.

Complexidade e cultura contemporânea

Parece-me que um dos maiores obstáculos metodológicos do **design de interação** e de **interfaces** é o modo como problematizam a figura do "usuário": em geral, mesmo com a definição de "público-alvo", "personas" e com o uso de heurísticas, ainda existe a insistência em tratar-se o **interator** como o "público consumidor", em geral considerado incompetente nas questões tecnológicas. No entanto, com a ascensão do chamado "prossumidor" (*prossumer*) – a confluência entre "consumidor" e "produtor", ou "profissional" – as distinções entre "leigo" e "expert" tendem a diluir-se, ao mesmo tempo que a variabilidade dos extratos culturais tende a aumentar. Em outras palavras, existe a tendência para que os gostos e alinhamentos estéticos cresçam em complexidade, em paridade com a competência de uso e apropriação da tecnologia.

Assim sendo, como ainda é possível tratar o **interator** como "público consumidor leigo"? Concretamente, a emergência de **objetos pós-complexos** será fator desse incremento de complexidade e competência técnica da população em geral – e tal processo não é coeso, homogêneo ou produto direto de investimentos em educação. Mas, sim, fruto do envolvimento concreto com processos de "microprodução" e "microconsumo", com a proposição de produtos, serviços e sistemas interativos de teor compreensível e desejável apenas para parcelas ínfimas da população, do ponto de vista estatístico. Os profissionais de marketing já estão cientes quanto ao fenômeno da "cauda longa" (*long tail*), preconizado por Chris Anderson, em que nichos minúsculos de mercado puderam ser supridos por meio da microscópica capilaridade da Web: o público interessado em itens os mais raros, inusitados, estranhos ou alheios à indústria cultural encontraram, via Web, acesso aos seus pares, conformando comunidades as mais variadas em torno dos assuntos os mais diversos do senso comum da sociedade industrial (ANDERSON, 2006).

A emergência dessa "cultura da complexidade" ainda é uma dificuldade para as grandes corporações, que procuram constantemente conformar públicos de tamanho e composição adequados para sustentar o "consumo de massa". No entanto, as próprias comunidades estão encontrando modos de "esburacar" a lógica industrial por meio da tecnologia digital, e estão produzindo objetos de extrema originalidade dedicados aos gostos mais inusitados. Como exemplo, cito o instrumento musical, sequenciador e dispositivo de uso variado chamado OP-1, da empresa sueca *Teenage Engineering*, que é, na verdade, um coletivo de Arte que também desenvolve produtos de consumo – em geral, *information appliances* de uso muito especializado em música e artes: esse é um produto concebido, desenvolvido, testado e distribuído pela pequena empresa, mas muito da produção industrial de seus componentes foi terceirizado, por meio da composição de uma **Arquitetura de Produto** bem resolvida e modularizada. Ou seja, a própria cultura do prossumidor subverte a lógica modularizada industrial e a utiliza para fins mais próximos da Arte do que da indústria de consumo (Figura 7.1).

Creio que este é o indício mais forte do universo riquíssimo que está emergindo a partir da computação ubíqua. Mas, para tirar proveito dele, para envolver-se em sua complexidade, talvez seja interessante despir-se das tradicionais certezas da Cultura de Projeto.

Pode-se fazer design tendo-se em mente a colaboração, ou pode-se dificultar esse processo — mas todo design é feito dentro de um "ecossistema" de colaborações.

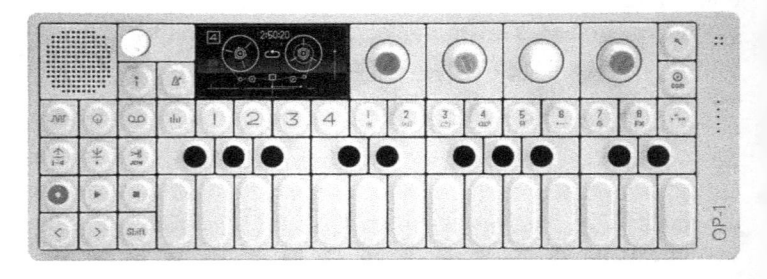

Figura 7.1 – OP-1, teclado musical, sintetizador, sequenciador, *sampler* e controlador, criado, desenvolvido e distribuído pela empresa sueca *Teenage Engineering.* http://www. teenageengineering.com/products/op-1/

Projeto como pergunta

8

8.1 Problema e teorema

É muito comum definir a atividade projetual como "prover soluções (ou respostas) para problemas" (MUNARI, 1998; PAPANEK, 2000; BONSIEPE, 1978; MALDONADO, 1999).

Ainda hoje, a Cultura de Projeto tenta emular o método da filosofia que foi adotado pelas ciências: toda e qualquer teoria científica, para que seja validada, deve colocar-se como um **problema**, a ser solucionado por um **teorema**. Deleuze e Guattari, ao descreverem a Ciência Nômade indicam seu funcionamento não teoremático, ou normativo, mas abstrato e operacional na concretude dos objetos, a exemplo dos construtores de catedrais, utilizando a geometria projetiva ingênua e uma "cifra que surge do traço", e não vice-versa (DELEUZE; GUATTARI, 1995b, p. 29-30). Alguns exemplo de "meta-objetos" levantados por Van Onck, como o "meta-edifício" de Gaudi, ou alguns procedimentos de cálculo operacional apontados por Alexander são também dessa ordem não teoremática, do desenho, diagrama ou construção que produz o cálculo, ou cifra (VAN ONCK, 1965; ALEXANDER, 1966).

O par "problema e teorema" é apenas uma parte muito pequena da Arte e do design – e se restringe ao que pode ser apropriado do repertório da Ciência Régia ou das ciências exatas.

Inversão ontológica

Se eu pudesse arriscar resumir a contribuição da Filosofia Contemporânea desde Nietzsche – Teoria Crítica, Fenomenologia, Pós-Estruturalismo – diria que ela operou uma **inversão** na ontologia tradicional da filosofia: o que eram *a prioris* tornaram-se *a posterioris*, e vice-versa. O mundo platônico de ideias eternas e transcendentais foi revelado como uma construção cultural circunscrita historicamente; enquanto a vida cotidiana – desprezada pela filosofia tradicional como "ilusão", "engano" ou "desvio de propósitos maiores", e tendo no

*Mesmo que o **projeto** se coloque como **solução**, ou seja, como **resposta** – ele é uma **pergunta**.*

Corpo seu maior obstáculo à transcendência – foi percebida como a sede das invenções que conformam a cultura, portanto as próprias ideias que foram consideradas anteriormente como "transcendentais". A reboque dessa inversão, a ciência passa a ser vista como também um fato cultural (LATOUR, 1998, 2000): o par "problema-teorema" é um modo de produzir o conhecimento, mas, em geral, ele aparece depois, após a criação científica ter ocorrido, como uma estabilização dos conceitos originais propostos (MOLES, 1998) – é o processo de captura da Ciência Nômade pela Ciência Régia (DELEUZE; GUATTARI, 1995b).

Se, como argumentei anteriormente, o **projeto** pode ser uma área autônoma de conhecimento e produção, isso será mais interessante se os profissionais da Cultura de Projeto não se limitarem a emular a formalização das ciências, mas perceber que elas mesmas não são tão formais assim – e que existe um universo de proposição à disposição de uma operação do **projeto** que reconhece no Corpo e no cotidiano sua fonte de objetos e aceita suas inovações. A Complexidade pode ser operada nessa imbricação entre Metadesign e a postura ética da Arquitetura Livre.

Incompletude do projeto

Até o início da década de 1930, a Filosofia Analítica propunha que seria possível formalizar todo o conhecimento científico, ou seja, purgá-lo de todas contradições, ambiguidades e explicações incompletas – a empreitada iniciou-se pela Matemática, considerada pelo positivismo como a "ciência-mãe". A obra do matemático Kurt Gödel demonstrou que a formalização absoluta da Matemática seria impossível: com dois teoremas de grande notoriedade, Gödel prova formalmente que qualquer sistema simbólico artificial livre de ambiguidades teria, pelo menos, uma declaração verdadeira que seria "indecidível", ou seja, que o próprio sistema formal não teria condições de afirmar, ou contradizer, sua veracidade (LUCAS, 1961; BRANQUINHO *et al.*, 2006, p. 734-737).

A partir de então, a ciência passou a operar de modo "axiomático", ou seja, fundamentando-se em postulados coerentes entre si, mas que podem ser contraditórios a postulados de outra área de conhecimento, ou mesmo a sistemas diferentes de explicação dos mesmos fenômenos – a exemplo das contradições intrínsecas entre a física quântica e a física relativística (GREENE, 2001). No entanto, no **nível de abstração** do **Corpo**, os cientistas, pensadores, filósofos da ciência etc., conseguem transitar entre uma área de conhecimento e outra, operando os ajustes epistemológicos necessários. Isso atesta uma **incompletude** do conhecimento formal, e a uma tremenda versatilidade da mente para se adaptar aos diferentes campos de conhecimento, ou seja, atesta a competência humana inata de "pensar fora da caixa".

Assim como a ciência é incompleta, o **projeto** também deveria aceitar-se como tal: não é possível construir uma entidade em sua inteireza a partir de um único esforço de projeto e realização – todo processo de criação, proposta, implementação e distribuição de um novo produto, processo ou serviço é um esforço colaborativo cravejado de objetos não formais, mal formalizados ou paraformais (incompletamente formais). Isso não impede que o **projeto** seja consequente ou bem-sucedido: como mencionei anteriormente, ele se dedica a um recorte, a uma circunstância construída pelo Metadesigner ao debruçar-se sobre a complexidade de sua ação criativa. É a partir dessa posição, que também é **corpórea**, que o Metadesigner percebe e manipula seu universo.

8.2 Projeto como pergunta

Krzysztof Wodiczko, artista plástico polonês, radicado nos Estados Unidos, desenvolve uma série de obras de arte performáticas que estão na fronteira entre a **Arte** e o **Design** – como definidos pela Fratura Romântico-positivista. Ele denomina sua atividade como "Design Interrogativo" (*Interrogative Design*). Suas peças envolvem mídia interativa, projeções em grande formato em espaços públicos e peças dedicadas à população sem-teto, dentre outros formatos e contextos. Em geral, tratam da questão da exclusão social, em especial aquela direcionada aos migrantes e estrangeiros (WODICZKO, 1999).

Wodiczko não é o único artista a trabalhar nessa modalidade de objetos de arte que comparecem ao cotidiano: na verdade, essa atividade é bem comum atualmente. No entanto, sua originalidade está em reconhecer que a imbricação entre **Arte** e **Design** envolve "questionar" e não "solucionar": por mais que o designer esteja preocupado com a solução de um problema, seus objetos são sempre novas questões que adentram o universo do indivíduo ou da comunidade, como já havia detectado Villém Flusser (FLUSSER, 2007).

Se o **projeto** é incompleto, está circunscrito a um universo de subjetividade e transferências que podem apenas ocorrer sob a pena da reinterpretação e da re-significação, ele não pode ser uma resposta, mas sim uma **pergunta**.

Disseminação da arbitrariedade

Um entendimento do processo de construir uma taxonomia, que discuti no Capítulo 1, é o de impor uma regularidade sobre um campo determinado de dados, entidades ou objetos. Na prática, o que está ocorrendo é a apropriação do papel de **árbitro** – é a tomada do poder de decisão e determinação da conformação de um espaço coerente. Tradicionalmente, o papel de arbitragem é reservado a profissionais especializados em contextos controlados, envolvendo um processo complexo de outorga, característico das sociedades civilizadas avançadas. Decidir sobre como ordenar um campo qualquer, criando um sistema de classificação taxonômico foi, inicialmente, uma atividade reservada aos cientistas, e sua validação passava pelo processo de outorga de validade em um regime muito similar, se não idêntico, ao jurídico (LATOUR, 1998; SHAPIN; SCHAFFER, 1985).

A partir da explosão de atividade na área comumente denominada "Arquitetura da Informação", essa atividade arbitrária de construção de taxonomias se banaliza, tornando-se função fundamental da construção de websites, repositórios de informação, sistemas de gestão de informação, dentre outros (MORVILLE; ROSENFELD, 1998). A atividade de arbitragem é outorgada em termos de funcionalidade e adequação, e não por meio de transferência de poder oriundo de uma função centralizada pelo Estado.

Essa é uma dimensão política, da vida coletiva, que é acionada pelo Metadesign. Mas sob a contaminação da Arquitetura Livre, ela é entendida como inerentemente colaborativa, mesmo quando existem grilhões sociais para seu controle. Como diria Stallman, "a informação quer ser livre". Mas não apenas a informação, a dimensão perceptual do projeto o joga no mundo colaborativo, envolvendo múltiplas interpretações e apropriações.

Concretude da atividade projetual

O Corpo não é um obstáculo a ser equacionado como parte do **projeto**, e sim a sede do próprio projeto: os diagramas, grafos, coleções de regras e procedimentos, são objetos da criatividade que são feitos pelo Corpo, e a ele se apresentam, e coordenam seus movimentos. Uma cadeira é um desenho que dialoga com o corpo, assim como um website implica a percepção sequencial de um mapa de navegação, um edifício é uma topologia de deslocamentos do corpo e da visão, e o ambiente urbano aderna o fluxo dos pedestres, automóveis e da visão da paisagem.

Os objetos de projeto são **obras de Arte**, em seu sentido amplo de **produção**. E, desse modo, são entidades de produção e apropriação subjetiva. A representação é uma entidade concreta que faz parte da realidade e aderna comportamentos e fluxos, não apenas uma imagem incorpórea. Admitir a concretude da atividade projetual envolve permitir que a dimensão coletiva e colaborativa do **projeto** sejam expressas.

Aplicações e contexto profissional

Do ponto de vista da aplicação dos múltiplos conceitos expostos neste livro, proponho que o profissional da Culturade Projeto – o designer, o arquiteto, o urbanista, o artista – não deva, necessariamente, mudar radicalmente sua atitude frente à produção cotidiana, mas sim que seja sensível às oportunidades de **alteridade**, de mutabilidade e de colaboração.

Em segundo lugar, as fronteiras estabelecidas entre as áreas de atuação em projeto podem ser flexibilizadas, alteradas ou manipuladas. A **transdisciplinaridade** que permeou toda a discussão neste livro é um fato da percepção concreta do mundo em que vivemos: habitamos a cidade em sua inteireza, e não apenas como moradores de um edifício, como um pedestre nas ruas, ou como um usuário de objetos industriais e sistemas interativos. O **projeto** pode sobrepor as diversas disciplinas tradicionais em projetos que desafiam classificação: habitação interativa, locomoção urbana como serviço, o **design do ambiente urbano**.

Por fim, encarar o **projeto como pergunta** – o que creio ser a consequência mais radical do **Metadesign** contaminado pela **Arquitetura Livre** – é uma mudança de olhar, que passa a reconhecer a **Complexidade** como oportunidade de experimentação radical.

*Existe um campo de atuação enorme para o design – ele envolve reconhecer a Complexidade e a Alteridade do processo de **projeto** – A **Cultura de Projeto** é uma área autônoma de conhecimento e produção.*

Referências bibliográficas

ABBAGNANO, Nicola. *Dicionário de filosofia*. 1998. São Paulo: Martins Fontes.

ALEXANDER, Christopher W. 1994. *Notes on the synthesis of form*. Harvard University Press.

_____. 1966. From a set of forces to a form In KEPES, Gyorgy. *The Man-Made Object*. New York: George Braziller.

_____. 1966b. *City is a mechanism for sustaining human contact*. Berkeley: Institute Urban & Regional Development.

ANDERSON, Chris. 2006. *The long tail*. New York: Hyperion.

ANDREOTTI, Libero. Ludic practices of the Situationist Urbanism. *Zodiac Magazine*, 2001.

ARANTES, Otília B. F. 1995. A ideologia do "lugar público" na arquitetura contemporânea (um roteiro). In: *O lugar da arquitetura depois dos modernos*. 2. ed. São Paulo: Edusp.

ASHBY, W. Ross. *Introdução à cibernética*. 1970. São Paulo: Perspectiva.

BARAN, Paul. 1964. *On distributed communications: I. Introduction to distributed communications networks*. Rand Corporation, Santa Monica, California. Disponível em: <http://www.rand.org/pubs/research_memoranda/RM3103/>.

BATESON, Gregory. 2000. *Steps to an Ecology of Mind*. Chicago: University of Chicago Press.

_____ .2000b. The cybernetics of "Self": a theory of alcoholism. In: *Steps to an ecology of mind*. Chicago: University of Chicago Press. Publicado originalmente em: *Psychiatry*, 34(1) 1971.

_____. 2000c. Form, substance and difference.In: *Steps to an ecology of mind*. Chicago: University of Chicago Press, Publicado originalmente em: *General Semantics Bulletin* (37) 1970.

BATESON, Gregory *et al.* 2000c. Toward a theory of schizophrenia. In: *Steps to an Ecology of Mind*. Chicago: University of Chicago Press. Publicado originalmente em: *Behavioral Science* I(4) 1956.

BECK, Kent; CUNNINGHAM, Ward. 1987. *Using pattern languages for object-oriented programs*. Disponível em: <http://c2.com/doc/oopsla87.html>.

BERARD, Edward V. "Abstraction, Encapsulation, and Information Hiding". The Object Agency. 2006. Disponível em: <http://www.toa.com/pub/abstraction.txt>.

BONSIEPE, Gui. 1978. *Teoria y práctica Del diseño industrial*: elementos para una manualística crítica. Barcelona: Gustavo Gili.

_____. 1997. *Design do material ao digital*. Florianópolis: FIESC/IEL.

BRANQUINHO, João; MURCHO, Desidério; GOMES, Nelson Gonçalves. 2006. *Enciclopédia de termos lógico-filosóficos*. São Paulo: Martins Fontes.

BUSH, Vannevar. As we may think. In: *Atlantic Monthly*, jul. 1945. Disponível em: <http://www.theatlantic.com/doc/194507/bush>.

CERUZZI, Paul E. 1998. *A history of modern computing*. Cambridge, MA: MIT Press.

CNPQ. 2010a. *Tabela das áreas do conhecimento – ciências sociais aplicadas*. Disponível em: <http://www.cnpq.br/areasconhecimento/6.htm>.

CNPQ. 2010b. *Tabela das áreas do conhecimento – ciências humanas*. Disponível em: <http://www.cnpq.br/areasconhecimento/7.htm>.

CNPQ. 2010c. *Tabela das áreas do conhecimento – linguística, letras e artes*. Disponível em: <http://www.cnpq.br/areasconhecimento/8.htm>.

CONNOLLY, Dan. 2000. *A little history of the World Wide Web*. In: Portal W3C. Disponível em: <http://www.w3.org/History.html>.

COURANT, Richard; ROBBINS, Herbert. 2000. *O que é matemática?*: uma abordagem elementar de métodos e conceitos. São Paulo: Ciência Moderna. Originalmente publicado em 1941.

DEBORD, Guy-Ernest. 1997. *A sociedade do espetáculo*. Rio de Janeiro: Contraponto.

_____. 2003. Introdução a uma crítica da geografia urbana. In: JACQUES, Paola Berenstein (Org.). *Apologia da deriva*: escritos situacionistas sobre a cidade. Rio de Janeiro: Casa da Palavra.

_____. 2003b. Teoria da deriva. In: JACQUES, Paola Berenstein (Org.). *Apologia da deriva*: escritos situacionistas sobre a cidade. Rio de Janeiro: Casa da Palavra.

DELEUZE, Gilles; GUATTARI, Félix. 1995. *Mil platôs*: Capitalismo e esquizofrenia. Rio de Janeiro: Editora 34.

_____. 1995b. Tratado de nomadologia: a máquina de guerra. In: *Mil platôs*: Capitalismo e esquizofrenia, v. 5. Rio de Janeiro: Editora 34

_____. 1997b. *Mil platôs*: Capitalismo e esquizofrenia, v. 4. Rio de Janeiro: Editora 34.

_____. 1996. *Anti-Édipo*: capitalismo e esquizofrenia. Lisboa: Assírio e Alvim.

_____. 1996b. Introdução: o Rizoma. In: *Mil platôs*: capitalismo e esquizofrenia, v. 1. Rio de Janeiro: Editora 34.

DEVLIN, Keith. 2002. *Matemática*: a ciência dos padrões. Porto: Porto Ed.

DIJKSTRA, Edsger W. 1988. *On the cruelty of really teaching computing science*. Disponível em: <http://www.cs.utexas.edu/users/EWD transcriptions/EWD10xx/EWD1036.html>.

EAGLETON, Terry. 1999. *Marx e a liberdade*. São Paulo: Unesp.

_____. 1993. *A ideologia da estética*. Rio de Janeiro: Jorge Zahar Ed.

EDMONDSON, Amy C. 1987. *A Fuller explanation*: the synergetic geometry of R. Buckminster Fuller. Birkhause.

FLUSSER, Vilém. 2007. *O mundo codificado*: por uma filosofia do design e da comunicação. São Paulo: CosacNaify.

FOUCAULT, Michel. 2000. *Microfísica do poder*. São Paulo: Graal.

FREE SOFTWARE FOUNDATION. 2005. *The Free Software Definition*. Disponível em: <http://www.gnu.org/philosophy/free-sw.html>.

FRIEDHOFF, Richard Mark; BENZON, William. 1989. *The second computer revolution*: visualization. New York: Harry N. Abrams, INC.

FRIEDMAN, Yona. 1973. *Hacia una arquitectura científica*. Madrid: Alianza Editorial.

_____. 1979. Autoplanificación del usuário. In: *Arquitectura adaptable* – seminario organizado por el Instituto de Estructuras Ligeras (IL). Barcelona: Gustavo Gili.

FRUTIGER, Adrian. 1999. *Sinais & Símbolos*: desenho, projeto e significado. São Paulo, Martins Fontes,

FULLER, Richard Buckminster. [1938] 1963. *Nine steps to the Moon*. Southern Illinois: University Press.

_____. 1975. *Synergetics*: explorations in the geometry of thinking. New York: MacMillan.

_____. 1977. *Novas explorações na geometria do pensamento*. Agência internacional de comunicação dos Estados Unidos.

GAMMA, Erich *et al*. 1995. *Design patterns: elements of reusable object-oriented software*.

GAMMA, Erich; VENNERS, Bill. 2005. *A Conversation with Erich Gamma*. (Partes I, II e III). Disponíveis em: <http://www.artima.com/lejava/articles/gammadp.html>; http://www.artima.com/lejava/articles/reuse.html; <http://www.artima.com/lejava/articles/designprinciples.html>.

GEORGE, R. Varkki. 2006. A procedural explanation for contemporary urban design. In: CARMONA, Matthew; TIESDELL, Steven. *Urban design reader*. Originalmente publicado em *Journal of Urban Design*, 2 (2): 143-161, 1997.

GRANDSIRE, Christophe. 2004. *The metafont tutorial*.

GREENE, Brian. 2001. *O universo elegante*: supercordas, dimensões ocultas e a busca da teoria definitiva. São Paulo: Companhia das Letras.

GUATTARI, Félix. 1992. Espaço e corporeidade. In: *Caosmose*: um novo paradigma estético. Rio de Janeiro: Editora 34. p. 153-165.

_____. 1992. *Caosmose*: um novo paradigma estético. Rio de Janeiro: Editora 34.

_____. 1990. *As três ecologias*. Campinas: Papirus.

GUERRAND, Roger Henri. 1991. Espaços privados. In: *História da vida privada*, v. 4. São Paulo: Companhia das Letras.

HARDT, Michael. 2000. Sociedade mundial de controle. In: *Deleuze*: uma vida filosófica. São Paulo: Editora 34.

HARDT, Michael; NEGRI, Antonio. 2003. *Império*. Rio de Janeiro: Record.

_____. 2005. *Multidão*: guerra e democracia na era do Império. Rio de Janeiro: Record.

HOME, Stewart. 1999. *Assalto à cultura*: utopia, subversão e guerrilha na (anti)arte do século XX. São Paulo: Conrad.

JACOBS, Jane. 2007. *Morte e vida de grandes cidades*. São Paulo: Martins Fontes.

JACQUES, Paola Berenstein (Org.). 2003. *Apologia da deriva*: escritos situacionistas sobre a cidade. Rio de Janeiro: Casa da Palavra.

JOHNSON, Steven. 2003. *Emergência*: a dinâmica de rede em formigas, cérebros, cidades. São Paulo: Jorge Zahar.

KAUFFMAN, Stewart. 1993. *At home in the universe*: the search for the laws of self-organization and complexity. New York: Oxford University Press.

_____. 2000. *Investigations*. New York: Oxford University Press.

KOTANYI, Attila; VANEGEIM, Raoul. 2006. Programa elemental de la oficina de urbanismo unitario.In: *Urbanismo situacionista*. Barcelona: Gustavo Gili. Edição original de 1961. Programme élémenteaire du bureau d'urbanismo unitaire. In: *Internationale Situationniste*: 16-19, 6 ago. 1961.

KRAUSS, Rosalind. 2001. *Caminhos da escultura moderna*. São Paulo: Martins Fontes.

KUHNS, William. 1971. *The post-industrial prophets*: interpretations os technology. New York: Harper.

LATOUR, Bruno. 1998. *Jamais fomos modernos*: ensaio de antropologia simétrica. São Paulo: Editora 34.

_____. 2000. *Ciência em ação*: como seguir cientistas e engenheiros sociedade afora. São Paulo: Editora Unesp.

LEVY, Steven. 1993. *Artificial life*: a report from the frontier where computers meet biology. New York: Vintage Books.

LÉVY, Pierre. 1998. *O que é virtual?* São Paulo. Editora 34.

_____. *Cibercultura*. São Paulo, Editora 34, 1999.

LUCAS, John Randolph. 1961. Minds, machines and Gödel. *Philosophy*, XXXVI. Disponível em: <http://users.ox.ac.uk/jrlucas/Godel/mmg.html>.

MALDONADO, Tomás. 1999. *Design industrial*. Lisboa: Edições 70.

MATOS, Olgária C. F. 2005. *A escola de Frankfurt*: luzes e sombras do Iluminismo. São Paulo: Moderna.

MATUCK, Arthur. 2002. *Meta-arte na 25ª Bienal de São Paulo*. Ementa da palestra proferida na 25ª Bienal de Artes de São Paulo. Disponível em: <http://www.terra.com.br/diversao/bienal2002/2002/05/22/000.htm>.

MATURANA, Humberto. 1998. *Metadesign: human beings versus machines, or machines as instruments of human designs?* Disponível em: <http://www.inteco.cl/articulos/metadesign.htm>.

MCLUHAN, Herbert Marshall. 1972. *A Galáxia de Gutemberg*: a formação do homem tipográfico. São Paulo: Editora Nacional.

_____. 1969. *Os meio são as massa-agens*: um inventário de efeitos. Rio de Janeiro: Record.

_____. 1996. *Understanding media*: the extensions of man. Cambridge, MA: MIT Press. Edição original de 1964.

MEINDL, James D. Chips for Advanced Computing. *Scientific American*, out. 1987, p. 56-57.

MERLEAU-PONTY, Maurice. 2000. *A natureza: notas*: cursos no collège de France. São Paulo: Martins Fontes.

_____. 1975. A linguagem indireta e as vozes do silêncio. In: *Os Pensadores*, v. XLI. São Paulo: Abril Cultural.

_____. 1996. *Fenomenologia da percepção*. São Paulo: Martins Fontes.

_____. 2006. *A estrutura do comportamento*. São Paulo: Martins Fontes.

MLODINOW, Leonard. 2004. *A janela de Euclides*: a história da geometria – das linhas paralelas ao hiperespaço. São Paulo: Geração Editorial.

MOLES, Abraham. 1998. *A criação científica*. São Paulo: Perspectiva.

_____. 1978. *Teoria da informação e percepção estética*. Rio de Janeiro: Tempo Brasileiro.

MOORE, Gordon E. Cramming more components onto integrated circuits. In: *Electronics*, 19 abr. 1965, 38 (8).

MORIN, Edgar. 2005. *Introdução ao pensamento complexo*. Porto Alegre: Sulina.

MORVILLE, Peter. 2004. A brief history of information architecture. In: GILCHRIST, Alan; MAHON, Barry (Org.). *Information architecture*: designing information environments for purpose. London: Facet.

MORVILLE, Peter; ROSENFELD, Louis. 1998. *Information architecture for the World Wide Web*. O'Riell y.

MOURA, Carlos A. R. de. 2005. *Nietzsche*: civilização e cultura. São Paulo: Martins Fontes.

MUNARI, Bruno. 1998. *Das coisas nascem coisas*. São Paulo: Martins Fontes.

NARDI, Bonnie A.; O'DAY, Vicki L. 1999. *Information ecologies*: usinf technology with heart. Cambridge, MA: MIT Press.

NELSON, Theodor H. (ted). 1990. The right way to think about software design. In: LAUREL, Brenda (Org.). *The art of human-computer interface design*. Massachusetts: Addison-Wesley. p. 229-234.

_____. 1974. *Computer lib/dream machines*. Distributors.

NOBRE, Ligia Velloso. *Diagrams and Diagrammatic Practice*: on design process in the DRL (AA) 1997-98. Histories and Theories MA Thesis. 1999. Tese de MA apresentada à Architectural Association School of Architecure, Londres, 1999.

NOVAK, Joseph D.; CAÑAS, Alberto J. 2006 Thetheory underlying concept maps and how to construct them. In: *Technical Report IHMC CmapTools* (1). Florida Institute for Human and Machine Cognition (IHMC). Disponível em: <http://cmap.ihmc.us/Publications/Research Papers/TheoryUnderlyingConceptMaps.pdf>.

OTTO, Frei. (ed.) 1973. *Tensile structures* – design, structure, and calculation of buildings of cables, nets, and membranes. Cambridge, MA: MIT Press.

_____. 1979. "Adaptabilidad. In: *Arquitectura adaptable* – seminario organizado por el Instituto de Estructuras Ligeras (IL). Barcelona: Gustavo Gili.

PALUBICKI, Wojciech *et al.* Self-organizing tree models for image synthesis. In: *ACM Transactions on Graphics (TOG)*. Proceedings of ACM SIGGRAPH 2009, 28 (3), ago. 2009.

PAPANEK, Victor. 2000. *Design for the real world*: human ecology and social change. Chicago: Academy Chicago Publishers.

PENNESTRÌ, E.; CAVACECE, M.; VITA, L. 2005. On the computation of degrees-of-freedom: a didactic perspective. In: *Proceedings of IDETC'05, 2005 ASME International Design Engineering Technical Conferences and Computers and Information in Engineering Conference*, ASME (American Society Of Mechanical Engineers).

PIAGET, Jean; FRAISSE, Paul; VURPILLOT, Éliane. 1969. *Tratado de psicologia experimental, Volume VI, A percepção*. Rio de Janeiro: Forense.

PIPER, Adrian. 2000. In support of meta-art. In: ALBERRO, Alexander; STIMSON, Blake. *Conceptual art*: a critical history. Cambridge, MA: MIT Press, p. 298-301.

POSTMAN, Neil. 2000. The humanism of media ecology. In: *Inaugural Media Ecology Association Convention*. Disponível em:<http://www.media-ecology.org/publications/proceedings/v1/humanism_of_media_ecology.html >.

_____. 2007. What is Media Ecology. In: *What is media ecology*: definitions. Disponível em: <http://www.media-ecology.org/media_ecology>.

RESNICK, Mitchel. 1997. *Turtles, termites, and traffic jams*: explorations in massively parallel microworlds. Cambridge, MA: MIT Press.

RASKIN, Jef. 1982. *Computers by the millions*. In: SIGPC Newsletter, v. 5, n. 2. Disponível em: <http://jef.raskincenter.org/published/millions.html>. Originalmente redigido para a direção da Apple Computer (1979).

ROUSH, Wade. Social machines. *Technology Review*, MIT Enterprise, ago. 2005.

SAKO, Mari. 2003. Modularity and outsourcing: the nature of co-evolution of product architecture and organization architecture in the global automotive industry. In: PRENCIPE, Andrea; DAVIES, Andrew; HOBDAY, Michael. *The business of systems integration*. Oxford: Oxford University Press. p. 229-253.

SEARLE, John R. 2006. *A redescoberta da mente*. São Paulo: Martins Fontes.

SHAPIN, Steven; SCHAFFER, Simon. 1985. *Leviathan and the air-pump*. New Jersey: Princeton University Press, Princeton.

SHENNAN, Stephen. 2002. *Genes, memes and human history*: darwinian archaeology and cultural evolution. London Thames & Hudson.

SHINER, Larry E. 2001. *The invention of art*: a cultural history. Chicago: The University of Chicago Press.

SMITH, C. A.; CUMMINGS, M. L. 2006. Utilizing ecological perception to support precision lunar landing, *Proceedings of HFES 2006*: 50th Annual Meeting of the Human Factors and Ergonomic Society, San Francisco, CA, USA, 16-20 out. Disponível em:<http://web.mit.edu/aeroastro/www/labs/halab/papers/HFES_758_Final.pdf>.

SNYDER, Carolyn. 2003. *Paper prototyping*: the fast and easy way to design and refine user interfaces. San Francisco: Morgan Kaufmann.

STURM, Jake. 1999. *VB6 UML design and development*. Birmingham: Wrox Press.

TAKEISHI, Akira; FUJIMOTO, Takahiro. 2003. Modularization in the car industry: interlinked multiple hierarchies of product, production, and supplier systems. In: PRENCIPE, Andrea; DAVIES, Andrew; HOBDAY, Michael. *The business of systems integration*. Oxford: Oxford University Press. p. 254-278.

TAPSCOTT, Don; WILLIAMS, Anthiny D. 2006. *Wikinomics*: how mass collaboration changes everything. New York: Portfolio.

TASSINARI, Alberto. 2001. *O espaço moderno*. São Paulo: Cosac Naify.

TERZIDIS, Kostas. 2006. *Algorithmic architecture*. Oxford: Architectural Press.

TORVALDS, Linus. 2007. Talking to Torvalds. In: The Chartered Institute for IT (Entrevista com LinusTorvalds). Disponível em: <http://www.bcs.org/server.php?show=conWebDoc.14769>.

VAN ONCK, Andries. 1965. *Metadesign*. Bibliografia FAU-USP. Trad. Lúcio Grinover.

_____. 1995. *Design*: el sentido de las formas de los productos. Roma: Centro Analisi Social e Progetti (versão em espanhol).

VASSÃO, Caio Adorno; COSTA, Carlos Roberto Zibel. 2002. Mobilidade e interface: um pensar contemporâneo para a urbanidade segundo suas formas e meios de produção ambiental. In: *Design: pesquisa e pós-graduação – Anais do Seminário Internacional - Perspectivas do Ensino e da Pesquisa em Design na Pós-Graduação – FAU-USP*. São Paulo. CNPq:

VASSÃO, Caio Adorno. 2007a. A Formalização como Fator da Mobilização da Arquitetura: arquitetura móvel, arquitetura científica e metadesign. In: KAPP, Silke (Org.) *Colóquio de pesquisas em habitação (4.2007)*: coordenação modular e mutabilidade. Grupo de Pesquisas Morar de Outras Maneiras/Escola de Arquitetura da UFMG. Belo Horizonte. Disponível em: <http://www.arq.ufmg.br/mom>.

_____. 2008. *Arquitetura livre*: complexidade, meta-designeciência nômade. Tese de doutoramento, apresentada à Comissão de Pós-graduação da FAU-USP, Linha de Pesquisa "Arquitetura e Design" sob orientação de Carlos Zibel Costa, (não publicado).

_____. 2002. *Arquitetura móvel*: propostas que colocaram o sedentarismo em questão. (dissertação para obtenção do grau de Mestre). Faculdade de Arquitetura e Urbanismo da Universidade de São Paulo. (não publicado).

_____. 2007b. Uma concretude fugidia. In: GARCIA, Wilton (Org.). *Corpo e mediação*. São Paulo: Nojosa.

_____. 2006. Design de interação: uma ecologia de interfaces. In: *Anais do 7º Congresso de Pesquisa e Desenvolvimento em Design – 7o P&D*. CEUNSP, Curitiba.

_____. 2006b. Elementos iniciais para o antropomorfismo do projeto e do design. In: GARCIA, Wilton (Org.). *Corpo e subjetividade*. São Paulo: Nojosa.

_____. 2009. Corpo, interação e urbanidade. In: GARCIA, Wilton (Org.). *Corpo e espaço*: estudos contemporâneos. São Paulo: Factash.

_____. 2003. *Hiperambiente*: conceitos iniciais. Grupo de Estudos sobre Mídia e Ambiente Urbano Faculdade de Comunicação e Artes – Senac-SP. (não publicado).

VASSÃO, Caio Adorno; FREITAS, Julio César; MARIN, Túlio C. T. 2005. Infraestrutura em computação pervasiva para suporte à pesquisa acadêmica colaborativa. In: *Anais do II Congresso Internacional de Design da Informação*. São Paulo. Senac.

VIRILIO, Paul. 1996. *A arte do motor*. São Paulo: Estação Liberdade. Edição original francesa de 1993.

_____. 1993b. *O espaço crítico e as perspectivas do tempo real*. Rio de Janeiro: Editora 34.

VURPILLOT, Éliane. 1969.A percepção do espaço. In: PIAGET, Jean; FRAISSE, Paul; VURPILLOT, Éliane. *Tratado de psicologia experimental, v. VI, A percepção*. Rio de Janeiro: Forense.

WEAVER, Warren. 1948. Science and complexity. In: *American Scientist*, (36): 536. New York: Rockefeller Foundation.

_____. 1963. Recent contributions to the mathematical theory of communication. In: SHANNON, Claude E.; WEAVER, Warren. *The mathematical theory of communication*. University of Illinois Press.

WODICZKO, Krzysztof. 1999. *Critical vehicles: writings, projects, interviews*. Cambridge, MA: MIT Press.

Este livro foi composto com as famílias tipográficas brasileiras *Beret*, de Eduardo Omine e *Adriane*, de Marconi Lima, em setembro de 2010, em São Paulo, Brasil, pela Editora Edgard Blucher Ltda., segundo projeto gráfico desenvolvido por Priscila Lena Farias. Impresso e encadernado na gráfica Forma Certa, em Outubro de 2020.